|暢銷新裝版|

Google
衝刺工作法

Sprint:

How to Solve Big Problems and Test New Ideas
in Just 5 Days

Google創投團隊

Jake Knapp
傑克‧納普

John Zeratsky
約翰‧澤拉斯基

Braden Kowitz
布雷登‧柯維茲

Google打造成功產品的祕密，5天5步驟迅速解決難題、測試新點子、完成更多工作！　　許瑞宋——譯

目錄
CONTENTS

REVIEW
各界推薦

這本書不是只講一些空泛的原則或理論，而是把實際的步驟詳細列出，讓創業者容易遵循。這些步驟對於新創事業來說，不管是創業還是大公司的內部創業，都是寶貴的經驗累積出來，智慧和血汗的結晶。而作者也很貼心地把可以有彈性的部分，和必須堅守的原則一一標明，讓讀者在使用時可以很明確地判斷，不會墨守成規而格格不入，也不會天馬行空而謬以千里。如果六年前我回國開始做新事業時就有這本書的話，今天我的成就一定會比現在高很多。

——翟本喬｜和沛科技總經理

對創業者來說，最珍貴的資產是自己的腦力跟時間，然而我們也最常因為瑣事，因為分心，因為太多其他工作，而把資產白白浪費掉。Sprint 衝刺計畫很像是近年流行的黑客松或是創業週末，但比前者多了針對目標用戶的在乎與體察，也

比後者來的實際可行。我已經決定要定期與團隊一起來「衝刺」了。

——鄭國威｜泛科學總編輯

成功沒有必然原因，但往往都是在找不出問題去制定計畫上耗費太多時間。我最喜歡本書將一般人的通病：「不會問問題」、「問不對問題」點出。透過一步步的方法，建立起問問題的邏輯，將問題成為計畫的架構。

——徐有鍵｜MUZIK Online 副營運長

所有創業者與產品經理人最大的敵人是時間，最大的難題是如何切入市場。由 Google 創投內部誕生的這套衝刺計畫，透過系統化的流程與精密設計的時程，讓決策者與開發團隊在五天之內得以設定產品原型，快速推出足以驗證的使用者介面或商業模式，就算假設錯誤你也只消耗五天時間，值得所有面對市場難題與時間壓力的創業者及經營者學習與體驗！

——詹益鑑｜AppWorks 合夥人

身處台灣的我們很擅長解開難題，但也很常在無關最終願景的題目上花費了大量時間。Sprint 衝刺工作法開門見山地告訴我們「快速驗證，得到回饋，修正問題」讓我們得以對抗來自時間的壓力。除了有明確的可遵循流程外，背後的核心

精神更是闡明了「快」的目的，是為了找到「好問題」。畢竟關於理想世界的樣貌，每個開創事業的人心中都已有自己的好答案，關鍵是我們能否問出「好問題」來讓我們邁向「好答案」。

——洪璿岳｜讓狂人飛教育創辦人

Sprint 對我來說是個有點久遠以前，但卻又歷歷在目的一本書。我曾經在 2016 年，在讀完這本書舊版之後，照方抓草藥一般，當一個促進者，帶著幾位同事在某一週跑了一次 Sprint，打造出後來我們第一個子品牌媒體 every little d 的原型。這個經驗對我來說太奇特，導致我念念不忘，而且如果有遇到有需要的朋友，我就會推薦這一本書。

而且我在裡面學到的不只是整套有方法、有企劃的衝刺工作法，還包含了很多在當時我不知道，但後來證明很好用的小技巧，包含了 Time Timer 計時器、開長時間會議要準備健康零食、HMW（我們可以如何）筆記、設定目標、用圓點貼紙來投票、如何用 Keynote app 做出看起來很像可以用的產品原型。

如果你也在工作上遇到無法解決、想不出新方法、目前產品方向卡住的情況，我強烈推薦你一讀，並跟我一樣實作一次，你一定會有很精彩的收穫。

——楊士範｜關鍵評論網內容長暨共同創辦人

全公司（部門）花一整個星期只針對一個新任務做衝刺，聽起來是不是很瘋狂？本書想分享給大家的就是這麼違反常理的做法。但，想想你所處的工作中，開發半年產品才發現跟競爭者一摸一樣、做了好幾個星期的企劃被老闆一次打槍、企劃分給團隊成員卻總沒有下文……這些讓你與團隊成員們持續痛苦的事，若能一週一起共同解決，才是更有效率的做法。別迷信傳統工作站的工作方式，快來試試 Sprint 衝刺計畫、完成更多新工作吧！

——周振驊｜燒賣研究所共同創辦人

當你想到一個好點子，接著再把好點子變成好產品、好服務，這兩個點之間其實有著很大的距離。

如同九彎十八拐的自我否決會開始接踵而來，「我現在沒有錢」、「好像沒有時間去做」、「真的會有很多人喜歡嗎？」許多自己嚇自己的想法不斷出現。接著自我安慰說，現在也很好，沒有必要做太多。

但當你讀了這本書，你就可以要求腦中的藉口閉嘴了，因為作者把所有步驟、道具、場地都告訴你，你只要照本宣科就絕對沒問題。

所以你現在該做的事情是買下這本書，空出五天時間，跟著步驟把腦袋裡那個擱置很久的點子落地。

這裡先預祝閱讀的你創業順利！

——鄭俊德｜閱讀人社群主編

身為一位跨足教育文化領域的創業者，我們時常需要尋找讓團隊快速解決問題的方法。這本書讓我在問題解決和創新策略上得到許多啟發。

在教育領域上，需要經常尋求新方法來提高學生的學習動機，使用此書中的方法，可以從案例中找出有效的參考方案。

在創業上，時效就是一切。書中會教你如何快速建立架構並進行實際測試，這意味著你可以在短時間內確認你的想法是否可行，大大降低失敗的風險。

此書是能夠讓你在創業道路上加速前進的工具，採用它的策略和思維方式，你將能夠更快地解決問題實現創新，最終達到你的目標。

很榮幸能夠參與推薦！

——李三財｜易學網、就諦學堂創辦人

前言｜衝刺計畫，是這樣開始的。

多年前，我曾經有工作效率不彰的問題。

2003 年，我太太生下我們的第一個孩子。我回到公司時，希望自己的工作時間能過得有意義，一如我和家人相處的時間。我仔細檢視我的各種習慣，發現自己並沒有把力氣花在最重要的工作上。

我因此開始調整工作方式，希望達到理想的狀態。我閱讀一些討論工作效率的書。我做了一些試算表追蹤自己對工作效率的感受，比較早上運動或午休時段運動、喝咖啡或喝茶是否影響我的工作效率。我花了一個月，試驗五種不同的待辦事項清單。沒錯，這種分析相當古怪。但我一小步一小步地增強了自己的專注程度和工作條理。

2007 年，我在 Google 找到一份工作，並且發現這裡的文化對一個「流程狂」來說堪稱完美。Google 鼓勵員工試驗，不只是試驗產品，還試驗個人和團隊所運用的方法。

我變得非常熱衷於改善團隊工作流程（沒錯，這同樣有點古怪）。我首先嘗試的，是與工程師團隊做腦力激盪。一群人做腦力激盪，每個人都大聲喊出自己的想法，是非常有趣的事。幾個小時後，我們就收集到大量的便利貼（上面寫著各種構想），所有人士氣高昂。

但有一天，我們正在做腦力激盪時，一名工程師打斷了這過程。他問道：「你怎麼知道腦力激盪有效呢？」我有點不知道怎麼回答，因為真相令人尷尬：之前我做過調查，了解參與者是否喜歡腦力激盪活動；但我並沒有測量實際的結果。

因為這件事，我檢視了過去腦力激盪活動的結果。我注意到一個問題：我們最終採用而且成功的構想，不是在眾聲喧嘩的腦力激盪中產生的。最好的構想來自其他地方。但來自哪裡呢？

個人產生構想的方式其實一直沒變——他們的點子，是坐在辦公桌前、在咖啡店等人或在淋浴時想出來的。個人產

生的點子確實比較好。腦力激盪活動的興奮感消失之後，活動產生的構想根本比不上個人想出來的。

這可能是因為腦力激盪活動的時間太短，不足以讓參與者深入思考。也可能是因為，腦力激盪的結果只是一些紙上的構想，而不是實際的東西。我針對自己的做法想得越多，看到的缺點就越多。

我比較腦力激盪活動和我自己在 Google 的日常工作。我最好的工作表現，出現在我面對巨大難題，而且時間緊迫的時候。

2009 年就有這樣一個例子。Gmail（Google 提供的電子郵件服務）工程師巴席格（Peter Balsiger）提出了一個自動組織電子郵件的構想。我覺得這個名為「優先收件匣」（Priority Inbox）的概念很好，於是找來另一名工程師陳安妮（Annie Chen）一起研究。不過，安妮只同意投入一個月。如果我們無法在這段時間內證明這個構想可行，她就會轉投另一個專案。我當時確信一個月的時間不夠用，但因為安妮是優秀的工程師，我決定接受她的條件。

我們把這個月分成四個工作週，每週提出一種新設計。安妮和巴席格做出產品原型，然後在一週快結束時，我們安

排數百人測試這款設計。

這個月結束時，我們已經找到一種人們能明白、而且想用的設計。安妮留下來領導優先收件匣團隊。就這樣，我們完成了設計工作，而且所用的時間遠遠短於正常情況。

數個月後，我到斯德哥爾摩探訪在當地工作的 Google 同事拉切貝爾（Serge Lachapelle）和德拉格（Mikael Drugge）。我們三人希望試驗在網路瀏覽器中執行視訊會議軟體。我只能在當地逗留數天，因此我們盡可能快速地工作。結果在我離開斯德哥爾摩時，我們已經做出了可用的產品原型。我們用電子郵件把它寄給同事，開始用它來開視訊會議。幾個月後，整家公司都在用它了。（後來這個應用程式經過改良，以 Google Hangouts 的名稱推出。）

我認識到，在這兩個專案中，我的工作效能遠高於我在日常例行工作或任何一次腦力激盪活動中的表現。差別在哪裡呢？

首先，在這兩個專案中，我有時間獨立地構思概念，不像那些喧喧嚷嚷的群體腦力激盪。不過，我並沒有太多時間。緊迫的期限迫使我集中精神。我沒有餘裕去想太多細節，或是像平日那樣被次要的其他工作纏住。

另一個關鍵要素是人。工程師、產品經理和設計師全都在一個房間裡，各自努力解決自身領域的問題，並且隨時回答其他人的問題。

我重新思考那些團隊集思活動。如果我加入這些神奇元素（專注於個人工作、有時間做產品原型，以及不可迴避的期限），會有什麼效果呢？我決定把這種做法稱為設計「衝刺計畫」（sprint）。

我為我的首次衝刺計畫，擬定了一個粗略的時間表：花一天時間分享資訊和草擬構想，四天時間做產品原型。Google 各團隊展現歡迎試驗的傳統精神，支持我這項試驗。我領導了 Chrome、Google Search、Gmail 和其他專案的衝刺計畫。

這過程令人興奮。這些衝刺計畫證實可行。我們藉此測試、改善和執行構想，而最令人欣慰的是，這些構想在現實中往往成功了。衝刺計畫的步驟傳遍了整個 Google：由一個團隊傳到另一個團隊，一個分部傳到另一個分部。Google X（Google 的秘密實驗室）的一位設計師對這方法感興趣，她因此替廣告部門的一個團隊進行了一次衝刺計畫。這個廣告團隊又向他們的同事講述這個方法，衝刺計畫於是流傳出去。很快的，我聽到我沒見過的人在談論衝刺計畫。

在這過程中，我犯了一些錯誤。我的第一次衝刺計畫有40個人參與——人多到荒謬的地步，幾乎讓衝刺計畫還沒開始就失控了。我調整了耗在構思和製作產品原型上的時間。我了解什麼事情做得太快、什麼做得太慢，最後把速度調整到剛剛好。

數年後，我與馬里斯（Bill Maris）見面討論衝刺計畫。他是 Google 創投（Google Ventures，以下簡稱 GV）的執行長；GV 是由 Google 成立，用以投資新創公司的創投公司。馬里斯是矽谷最有影響力的人之一，但你從他不拘小節的行為舉止是看不出來的。我見他的那天下午，他的裝扮很典型：戴一頂棒球帽，穿一件與佛蒙特州有關的 T 恤。

馬里斯想把衝刺計畫用在 GV 投資的新創公司上。新創公司的資金，通常只夠讓他們認真嘗試推出一款產品。因此對他們來說，開發和推出產品有很高的風險，而衝刺計畫可以幫助他們評估自己是否走對路。進行衝刺計畫既可以賺錢，也可以省錢。

但為了讓衝刺計畫有效，我必須調整它的步驟。在那時，我思考個人和團隊的生產力問題已有數年之久，但對新創公司和其業務問題則近乎一無所知。不過，馬里斯的熱忱說服了我，讓我相信 GV 是個適合應用衝刺計畫的地方，也是適

合我工作的地方。他說：「我們的使命，是尋找地球上最出色的創業者，幫助他們改善這個世界。」我無法抗拒他的邀請。

在 GV，我有三名設計工作夥伴：布雷登・柯維茲（Braden Kowitz）、約翰・澤拉斯基（John Zeratsky）和麥可・馬格里斯（Michael Margolis）。我們攜手合作，開始把衝刺計畫應用在新創公司上，試驗衝刺計畫的步驟，並檢視結果以設法改善具體做法。

本書闡述的概念，來自我們整個團隊。布雷登・柯維茲為衝刺計畫引進以故事為中心的設計概念——這是一種非傳統的做法，重視整體顧客體驗而非個別元素或技術。約翰・澤拉斯基帶來「以終為始」的概念，讓每一次的衝刺計畫都能回答新創公司最重要的問題。布雷登和約翰擁有我欠缺的新創公司和商業經驗，他們改造了衝刺計畫的流程，讓每一次的衝刺計畫都能找到更好的焦點，並做出更明智的決定。

麥可・馬格里斯鼓勵我們，以現實世界的測試來完成每一次的衝刺計畫。他進行顧客調查——一般可能需要數週的時間來規劃和執行——但他找到了只需一天就能得出明確結果的方法。這是了不起的成就，我們不必再猜測自己的方案是否可行了。每一次的衝刺計畫結束時，我們就能得到答案。

此外還有丹尼爾·柏卡（Daniel Burka），他曾自行創立兩家公司，後來一家賣給了 Google，而他自己也加入了 GV。我第一次向他說明衝刺計畫的流程時，他持懷疑態度。如他後來所言：「當時我覺得那是一堆管理方面的廢話。」但他同意試著進行一次。「在那次衝刺計畫中，我們不講廢話，只花了一個星期，就做出一些抱負不凡的東西。我迷上了這個方法。」贏得丹尼爾的支持後，他以創業的親身經驗，以及對胡說八道的痛恨，幫助我們不斷改善衝刺計畫的流程。

2012 年，在 GV 進行第一次衝刺計畫之後，我們經由試驗，調整了做法。起初我們以為快速研究和製作產品原型的做法，只對大眾市場產品有效。如果顧客是醫療或金融等領域的專家，我們還可以這麼快完成評估嗎？

出乎我們意料的是，五天的衝刺計畫流程確實靠得住。它適用於所有類型的顧客，從投資人到農夫，從腫瘤科醫師到小企業主都不例外。它也適用於各種產品，包括網站、iPhone app、紙本醫療報告和高科技硬體。而且它並不是只能用來開發產品。我們曾經應用衝刺計畫來排定優先次序、研擬行銷策略，甚至是替公司命名。衝刺計畫一次又一次地凝聚團隊，並賦予各種構想生命力。

最近幾年間，我們的團隊有空前的機會去試驗和驗證我們對工作流程的想法。我們針對 GV 投資組合中的新創公司，進行了超過一百次的衝刺計畫。我們與一些傑出的創業者合作，從他們身上學到許多東西；包括 23andMe 的創辦人沃西基（Anne Wojcicki），推特（Twitter）、Blogger 和 Medium 的創辦人威廉斯（Ev Williams），以及 YouTube 的創辦人赫利（Chad Hurley）和陳士駿。

一開始，我只是想辦法要讓自己的工作時間花得有效率、有意義。我希望能專注於處理真正重要的事，避免浪費時間——對我自己、我的團隊和我們的顧客，都是如此。逾十年之後的今天，衝刺計畫的流程一再幫助我達到這個目標。我對於自己可以利用這本書，與各位分享衝刺計畫的方法，感到非常雀躍。

幸運的話，你是因為一個大膽的願景而選擇自己的工作。你希望在現實中實踐這個願景，無論它帶給世人的，是一個訊息，一種服務、體驗、軟體或硬體，甚至是一個故事或一種想法（就像本書）。但是，實踐願景是困難的。我們很容易陷入各種磨難之中，例如沒完沒了的電子郵件、無法達成的期限、消耗精力的會議，以及基於可疑假設的長期計畫。

但這種困境並非無可避免。衝刺計畫提供了一套方法，可以用來解決大問題、測試新構想、完成更多任務，以及加快工作速度。衝刺計畫也能在這個過程中帶給你更多樂趣。換句話說，你絕對應該試著為自己開展一次衝刺計畫。我們開始吧。

—— 傑克‧納普

舊金山，2016 年 2 月

INTRODUCTION
序章｜飯店裡的機器人

　　2014 年 5 月某個陰天的早上，約翰・澤拉斯基走進加州森尼韋爾市（Sunnyvale）一座灰褐色的大樓。約翰來這裡，是要與 GV 最近投資的 Savioke Labs 洽談。他迂迴地穿越迷宮般的走廊，經過一小段樓梯，找到一扇上面標記著 2B 的木門，走了進去。

　　如果你期望在科技公司看到閃亮的紅色機器眼、《星艦迷航記》（Star Trek）的「全像甲板」（holodeck）、或絕密的設計圖，現在的公司往往會讓你失望。在矽谷的多數公司，基本上只有一堆辦公桌、電腦和咖啡杯。不過，在 2B 木門的後面，你可以看到大量電路板、裁剪出來的夾板，以及 3D 印表機剛產生的塑膠架子。還有烙鐵、鑽機，以及設計圖——沒錯，那是真實的絕密設計圖。約翰心想：「這

地方看起來像一家新創公司該有的樣子。」

　　然後他看到了那個機器：一個三呎半高的圓筒狀物體，尺寸和形狀類似廚房垃圾桶。它光滑的白色軀體有個喇叭形的底部，以及稍微縮小的雅緻頂部，上面有個小小的顯示器，有點像一張臉。這機器可以自行移動，以自身的動力在地板上滑行。

　　「這是 Relay 機器人，」Savioke 的創辦人暨執行長史蒂夫・庫辛斯（Steve Cousins）說。史蒂夫身穿牛仔褲和深色 T 恤，熱心的樣子像個中學理科老師。他自豪地看著這個機器人。「我們用現成的零組件，就在這裡把它做出來。」

　　史蒂夫解釋，Relay 機器人是在飯店提供遞送服務的機器人。它有自主導航功能，能自己搭電梯，可以送牙刷、毛巾和零食等東西到客房。約翰和史蒂夫看著這個小機器人小心繞過一張辦公椅，然後停在一個電源插座附近。

　　Savioke（發音為 Savvy Oak）有一個世界級的工程師和設計師團隊，其中多數人曾在 Willow Garage 工作；Willow Garage 是矽谷一家著名的、私人的機器人研究實驗室。這些工程師和設計師有個共同的願景——為人類的日常生活引進機器人幫手，應用在餐廳、醫院，以及長者照護中

心等等。

　　史蒂夫決定先開拓飯店市場，因為飯店的環境相對簡單和固定，而且業者持續面對一個問題：在早上和傍晚的尖峰時段，登記入住、結帳離開和遞送物品到客房的服務要求多到飯店前台難以應付。這是機器人介入幫忙的絕佳機會。下個月，第一個功能齊全的 Relay 機器人將在附近一家飯店投入服務，為真實的房客提供真實的遞送服務。如果顧客忘了帶牙刷或刮鬍刀，Relay 機器人將能幫得上忙。

　　但有一個問題。史蒂夫和他的團隊擔心飯店的顧客不喜歡送貨機器人。這種機器人會讓顧客覺得不舒服，甚至是害怕嗎？Relay 是神奇的科技產品，但 Savioke 不確定這機器人面對人類時，該有怎樣的行為舉止。

　　史蒂夫解釋道，如果機器人遞送毛巾到客房會讓顧客覺得害怕，那風險就太大了。Savioke 的設計總監阿德里安・卡諾索（Adrian Canoso）有一系列的主意，可以讓 Relay 顯得友善點，但 Savioke 團隊必須在機器人準備好面對大眾之前，做出大量的決定。這機器人該如何與顧客溝通？它應該有多少個性才不算「太有性格」？「然後，搭電梯也是一個問題。」史蒂夫說。

約翰點點頭。「我自己也覺得和其他人一起搭電梯相當不自在。」

「正是這樣。」史蒂夫輕輕拍了 Relay 一下。「如果電梯裡還有一個機器人，不知道會怎麼樣？」

Savioke 才投入運作了幾個月。他們在這段時間致力做好產品設計和工程工作，另外也跟有數百家飯店的喜達屋酒店集團（Starwood）談好了一個試驗計畫。不過，他們還有許多大問題必須回答。這些問題非常重要，攸關成敗，而現在距離飯店試驗計畫開始只有幾個星期了。

這是最適合開展衝刺計畫的時候。

———

衝刺計畫是 GV 一個為期五天的獨特流程，藉由製作產品原型回答關鍵問題，並且找顧客檢驗各種構想。它集合商業策略、創新、行為科學和設計等方面的精華，組合成一種任何團隊都可以使用、步驟分明的流程。

Savioke 團隊考慮了數十種機器人構想，然後運用結構化決策模式，在避免團體盲思（groupthink）的情況下選擇

了最有力的方案。他們只花了一天時間，就實際做出了一個產品原型。為了衝刺計畫的最後一步，他們找來一些目標顧客，並在附近一家飯店設置一個臨時的研究實驗室。

我們很想告訴各位，我們（本書的作者）是上述故事中的真正英雄。如果我們可以「空降」到任何一家公司，然後貢獻傑出的構想，讓該公司大獲成功，那該多好。遺憾的是，我們不是天才。Savioke 的衝刺計畫得以成功，是拜真正的專家，也就是一直在該公司團隊努力的人所賜。我們不過是提供了一種流程，讓他們完成這件事。

以下闡述 Savioke 的衝刺計畫是怎麼進行的。如果你不是機器人專家，別擔心。我們在軟體、服務業、行銷和其他領域所進行的衝刺計畫，也是採用完全相同的結構。

首先，Savioke 的團隊成員在他們的日程表上，騰出完整的一週時間。從週一到週五，他們取消所有會議，設定好電子郵件中「不在辦公室」的自動回覆功能，集中精神探討一個問題：他們的機器人置身在有人的環境時，應該要有怎樣的表現？

接著，他們設定一個期限。Savioke 與合作飯店約定，在衝刺計畫週的星期五於該飯店做一次實地測試。這樣壓力

就來了：他們只有四天時間去設計和製作產品原型，找出一個可行的方案。

星期一，Savioke 團隊成員檢視他們所知的、有關核心問題的所有資訊。史蒂夫強調，讓顧客滿意很重要，因為飯店非常認真地測量和追蹤顧客滿意度。如果 Relay 機器人在試驗期內能提升顧客滿意度，飯店將會訂購更多的機器人。但如果顧客滿意度不變或倒退，導致飯店不願意訂購機器人，則 Savioke 剛起步的事業將岌岌可危。

我們一起畫了一張圖來辨識最大的風險。你可以把這張圖想成一個故事：顧客見到機器人，機器人送牙刷給顧客，顧客愛上機器人。這過程中有一些關鍵時刻：機器人與顧客可能在大廳、電梯或走廊相遇並首次互動。那麼，我們應該把力氣花在哪裡？因為衝刺計畫只有五天時間，你必須選擇一個明確的目標作為焦點。史蒂夫選擇遞送物品的那一刻：這一刻處理好，顧客就會很高興；如果處理不好，則飯店前台可能整天都要回答困惑的顧客提出的問題。

Savioke 團隊一再想到一個大問題：他們擔心 Relay 機器人看起來太聰明了。「我們都被 C-3PO 和瓦力（WALL-E）寵壞了，」史蒂夫解釋道。「我們期望機器人有感覺有計畫，有希望有夢想。但我們的機器人沒有那麼精密。如果顧客跟

它講話，它不會回答。如果我們因此讓人失望，那就完蛋了。」

星期二，Savioke 團隊的關注焦點從問題轉到解決方案上。他們不做喧鬧的腦力激盪，而是個人各自研擬方案。這麼做的不只是設計師，還包括機器人工程總監劉泰莎（Tessa Lau）、業務發展總監 Izumi Yaskawa，以及執行長史蒂夫。

到了週三早上，方案構想和註釋貼滿了會議室的牆壁。其中有些構想是新的，有些則是曾被丟棄或不曾仔細考慮的舊主意。我們總共有 23 個方案要一決高下。

我們可以如何縮窄要考慮的範圍呢？在多數組織中，這需要數週的會議和無止盡的電子郵件來決定。但我們只有一天的時間。週五就要做實地測試了，所有人都能感受到期限的壓力。我們利用投票和結構化決策模式，快速、平靜、不爭論地做出決定。

最後決定要測試的，包括 Savioke 設計師阿德里安・卡諾索一些非常大膽的構想，例如賦予機器人一張臉，以及為它提供音效；另外也包括一些迷人但富爭議的想法，例如機器人高興時會跳一段舞。「我還是很擔心賦予機器人太多個性，」史蒂夫說。「但現在是適合冒險的時候。」

「畢竟如果它現在爆炸了，我們還可以調整設計，」工程總監泰莎說。然後她看到我們的表情，補充道：「我只是打個比喻。別擔心，這機器人不會真的爆炸啦。」

週四來臨時，我們必須在八個小時內，為週五的飯店實地測試準備好產品原型。照理說，八個小時是不夠的。我們用了兩個方法來準時完成產品原型：

1 提早完成多數的艱難工作。我們在週三時已同意測試哪些構想，並且詳細記下每一個潛在的解決方案。剩下的只是執行工作。

2 Relay 機器人最終必須在飯店裡自主運作，但它暫時不需要這樣。在實地測試中，它只需要成功完成一件事：把一支牙刷遞送到一間客房。

泰莎與工程師同事謝艾莉（Allison Tse）利用一部很舊的筆記型電腦和一個 PlayStation 控制器，設定和調整機器人的動作。阿德里安戴上一副巨大的耳機，細心設定音效。他們用一台 iPad 當作 Relay 的「臉」，裝在機器人的頂部。下午五點之前，機器人原型已經準備好了。

為了週五的測試，Savioke 在加州庫柏蒂諾市的喜達屋

飯店安排了一些房客接受訪問。那天早上七點，我們在該飯店一間客房，貼了幾個網路攝影機在牆上，臨時做出一間研究實驗室。早上 9 點 14 分，第一名房客的訪問開始了。

━━━━━

這名房客是年輕的女性，她仔細看了客房的裝潢：淺色原木，中性風格，還有一台相當新的電視。房間體面又有現代感，但毫無特別之處。這個訪問是要做什麼呢？

站在她身旁的是麥可・馬格里斯，GV 的研究合夥人。麥可希望測試的內容能暫時保密。他規劃了整個訪問過程，希望能替 Savioke 團隊回答某些問題。目前他希望了解這名女性的旅行習慣，同時鼓勵她在機器人出現時，誠實地展現她的反應。

麥可調整了他的眼鏡，問了一些住飯店的問題。她的行李箱放哪裡？什麼時候打開它？如果忘了帶牙刷，她會怎麼做？

「我不知道。應該是打電話給前台，對吧？」

麥可在筆記板上做筆記。他指向房間的電話：「對。妳

現在就打電話給前台吧。」她打了。前台說：「沒問題。我們馬上送一支牙刷過來。」

她掛上電話時，麥可馬上繼續問下去。「妳總是用同一個行李箱嗎？妳上一次出門在外，忘記帶東西是什麼時候？」

這時電話鈴聲響起，打斷了她。她拿起電話，聽到自動播出的訊息：「你的牙刷到了。」

她二話不說，走到門口，扭了一下把手，打開門。此時衝刺計畫的團隊在他們的總部，圍著一組顯示器，等著看她的反應。

「天啊，是個機器人！」她說。

Relay 光滑的艙門慢慢打開。裡面放著一支牙刷。她在觸控螢幕上確認收到牙刷時，機器人發出一些聲音。她給予此次服務五星的評價後，Relay 前後搖擺，快樂地跳起舞來。

「好酷啊。」她說。「如果他們開始使用這種機器人，我以後每次都要住這裡。」不過，重點不是她說了什麼。重要的是，我們看到她露出欣喜的笑容。重要的是，她看到機

器人時，並沒有覺得很突兀，與機器人互動時也沒有展現出挫折感。

我們收看第一個訪問的現場直播時，一直非常緊張。但在看第二個和第三個直播時，我們已經能笑出來，甚至是歡呼了。一個又一個顧客都有相同的反應。他們剛看到機器人時都很熱情，而且都能毫無困難地收取牙刷、在觸控螢幕上確認收到，以及送走機器人。有些人想再次請求送東西到房間，就是為了想再次看到機器人。他們甚至與機器人玩自拍。不過，完全沒有人試圖與機器人對話。

這一天結束時，我們的白板上打滿了綠勾（代表沒問題）。冒險的機器人個性設定（眨眼、音效，以及「快樂的舞蹈」）大獲成功。在這次衝刺計畫之前，Savioke 很擔心自己對機器人的能力做出過度的承諾。現在他們認識到，賦予機器人可愛的性格，可能正是提升顧客滿意度的秘訣。

當然，不是所有細節都完美。觸控螢幕的反應有點遲鈍。某些音效的時間不準。在觸控螢幕上提供遊戲的構想，完全不能吸引房客。這些瑕疵意味著 Savioke 必須調整某些工程工作的優先次序，但他們還有時間做這件事。

三個星期之後，Relay 機器人在該飯店全面投入服務，

Savioke 的 Relay 機器人

而且大受歡迎。《紐約時報》和《華盛頓郵報》報導了這個迷人的機器人，而 Savioke 第一個月便累積了超過 10 億次的媒體曝光量（media impressions）。但最重要的是，飯店的顧客喜歡 Relay 機器人。到了夏季的尾聲，Savioke 接到的機器人訂單已經多到難以應付。

Savioke 冒險賦予他們的機器人個性。但他們能對這個做法有把握，全賴衝刺計畫讓他們得以快速檢驗大膽的構想。

好點子的問題

好點子很難得。但即使是最好的點子，在現實中能否成功，也是不確定的。無論你是在經營一家新創公司、教某個課程或在某個大組織中工作，情況都是如此。

首先，執行工作可能很困難。哪個地方最重要，值得你集中精力投入其中？工作該如何開始做起？你的想法成真時，情況將會如何？遇到難題時，你應該派一個聰明人去設法解決，還是安排整個團隊做腦力激盪？你怎麼知道自己找到了正確的解決方案？你要開會討論多少次，才能確定自己做對了？付諸實行之後，會有人在乎嗎？

我們身為 GV 的合夥人，有責任幫助我們投資的新創公司回答這些大問題。我們不是按時計費的顧問。我們是投資人：我們投資的公司成功，我們就成功。為了幫助這些新創公司快速解決問題和自立自足，我們優化了衝刺計畫的流程，以便能以最快的速度得到最好的結果。最妙的是，這個流程需要的人員、知識和工具，是每一個團隊都已經擁有的。

　　藉由衝刺計畫流程，我們和我們投資的新創公司攜手，避免無止境的辯論，把數個月的時間壓縮為一個星期。這些新創公司不必靠著推出基本款產品去了解某個構想好不好，而是藉由一個實際的產品原型就能得到明確的資料。

　　衝刺計畫賦予我們的新創公司一種「超能力」：它們可以先「快轉」到未來，看到它們構想中的產品和顧客的反應，然後再決定是否投入大量資源發展該產品。如果一個大膽的構想在衝刺計畫中證實成功，公司得到的報酬是巨大的。不過，構想在衝刺計畫中證實失敗雖然讓人不快，但這過程產生的報酬反而是最大的。只花五天時間就能發現關鍵的缺陷，可說是極有效率。這過程寶貴之處，在於不必付出重大代價，就能得到重要的教訓。

　　在 GV，我們做過衝刺計畫的公司包括 Foundation Medicine（開發先進的癌症診斷法的公司）、Nest（智慧

型家電廠商），以及藍瓶咖啡（Blue Bottle Coffee，咖啡店經營者）。我們曾利用衝刺計畫來評估新事業是否可行，製作行動應用程式的初版，與數以百萬計的用戶一起改善產品、界定行銷策略，以及設計醫學檢驗報告。投資銀行業者曾利用衝刺計畫來尋找新策略，Google 的團隊曾利用衝刺計畫來開發無人駕駛的汽車，高中生曾利用衝刺計畫來幫助他們完成大型數學作業。

本書是一本自助手冊，可以幫助你執行自己的衝刺計畫，回答你面臨的迫切業務問題。星期一，你們將界定問題，畫出示意圖，並選出重點作為努力的目標。星期二，你們將擬出多個相互競爭的潛在方案。星期三，你們將做一些艱難的決定，並把自己的構想轉化為一個可以測試的假說。星期四，你們將做出一個實際的原型。星期五，你們要找真實的人，替你們的原型做實地測試。

我們不打高空，將深入探討具體問題。我們會幫助你從

既有的工作夥伴中，找人組成理想的衝刺計畫團隊。你會學到最重要的事（例如如何利用團隊的多元意見和關鍵領袖的願景，發揮最大的作用），一般重要的事（例如為什麼你的團隊應該關掉手機和電腦，連續埋頭努力三天），以及有用的細節（例如為什麼你們應該在下午一點吃午餐）。衝刺計畫週結束時，你不會得到一款完整、細緻、已經可以出貨的產品；但你將在短時間內大有進展，並確知自己的方向是否正確。

你會看到一些熟悉的方法，也會看到一些新方法。如果你熟悉精實開發（lean development）或設計思考（design thinking），你將發現，衝刺計畫是應用這些理念的實用方法。如果你的團隊運用「敏捷」（agile）程序，你將發現，我們的衝刺計畫和它不同，但兩者是互補的。如果你不曾聽過這些方法，別擔心，這也沒問題。這本書適合專家也適合初學者，適合任何一個有大機會、大問題或大構想，必須著手處理的人。我們已經執行了超過一百次的衝刺計畫，在這過程中試驗、測量和調整了每一個步驟，並且從我們日益壯大的衝刺計畫社群中蒐集意見，精益求精。行不通的做法，不會出現在這本書中。

本書最後也提供一些檢查表，包括一張購物清單，以及每日的指引。你不必看完這本書就記住所有細節——等你要

開始做自己的衝刺計畫時，你可以利用那些檢查表。但在你開始進行衝刺計畫之前，你必須審慎規劃，確保衝刺計畫成功。接下來幾章將告訴你如何為衝刺計畫做好準備。

做好準備
Set the Stage

在開始進行衝刺計畫之前，你必須找到適當的難題和團隊。你也需要執行衝刺計畫的時間和空間。在接下來三章，我們將告訴你如何為衝刺計畫做好準備。

CHAPTER 1

難題

2002 年，單簧管樂手詹姆斯．費里曼（James Freeman）放棄職業樂手的工作，自行創業，經營起……一輛咖啡車。

詹姆斯熱愛新鮮烘焙的咖啡豆。當時在舊金山地區，幾乎不可能找到包裝袋上印著烘焙日期的咖啡豆。詹姆斯因此決定自己來。他在自家的盆栽棚小心烘咖啡豆，然後開車到加州柏克萊和奧克蘭的農夫市集，在那裡泡咖啡，一杯一杯販售。他待客禮貌親切，而且他泡的咖啡非常好喝。

詹姆斯和他名為藍瓶咖啡（Blue Bottle Coffee）的咖啡車，很快吸引了一群追隨者。2005 年，他在舊金山一個朋友的車庫建立了藍瓶咖啡的第一個固定據點。接下來幾年間，隨著業務成長，他緩慢地開設更多咖啡店。到 2012 年

時，藍瓶在舊金山、奧克蘭、曼哈頓和布魯克林開了許多家咖啡店。許多人會認為這盤生意堪稱完美。藍瓶的咖啡獲評為全美頂級咖啡，咖啡師友善又博學，甚至咖啡店的內部裝潢也近乎完美：木架、雅緻的瓷磚，以及一個完美天藍色的低調藍瓶商標。

但詹姆斯不認為他的生意完美或完整。他對咖啡和招待顧客的熱情絲毫未減，而且希望把「藍瓶體驗」帶給更多咖啡愛好者。他希望開更多的咖啡店。他希望能將新鮮烘焙的咖啡豆送到顧客家裡，即使他們住家附近沒有藍瓶咖啡店。如果他當年的咖啡車是人造衛星，那麼藍瓶下一階段的發展就像是登上月球。

因此，在 2012 年 10 月，藍瓶咖啡向一群矽谷投資人（包括 GV）籌集了 2,000 萬美元的資本。詹姆斯為這筆錢研擬了許多計畫，其中最重要的項目之一，是建立一家更好的線上商店來銷售新鮮烘焙的咖啡豆。但藍瓶不是一家科技公司，詹姆斯也完全不是線上零售專家。他可以如何把藍瓶咖啡店的魅力轉移到智慧型手機和筆記型電腦上？

數週之後，12 月某個晴朗的下午，布雷登・柯維茲和約翰・澤拉斯基與詹姆斯會面。他們圍著一個櫃台坐下來，邊喝咖啡邊談藍瓶面臨的難題。這家線上商店對公司很重要，

需要投入時間和金錢才能做好，而且不容易知道該從哪裡做起。換句話說，這看來是非常適合做衝刺計畫的一種情況。詹姆斯也同意這一點。

他們討論誰應該參與衝刺計畫。要負責建立線上商店的程式設計師顯然應該參加。此外，詹姆斯認為藍瓶的營運長、財務長和公關經理應該參加。他覺得負責處理顧客詢問和投訴的顧客服務總監也應該參加。他甚至把公司執行主席米漢（Bryan Meehan）也列進來。米漢是零售專家，在英國創立了一家有機食品連鎖店集團。詹姆斯本人當然也會參與整個衝刺計畫的過程。

建立線上商店基本上是一種軟體專案，這是我們的 GV 團隊非常熟悉的工作。但是，上述這群人完全不像是傳統的軟體團隊。他們都是非常忙碌的人，將為了衝刺計畫放下一整個星期的其他重要工作。衝刺計畫值得他們付出這些時間嗎？

衝刺計畫週的星期一早上，藍瓶團隊聚集在 GV 舊金山辦公室的一間會議室。我們在白板上畫出示意圖，反映咖啡顧客可能如何逛藍瓶的線上商店。藍瓶團隊把目標情境設定

為新顧客購買咖啡豆。詹姆斯希望衝刺計畫以這情境為焦點，因為它很難處理好。所謂新顧客，是指從來沒聽過藍瓶，更不曾光顧藍瓶咖啡店、喝過藍瓶咖啡的人。如果他們能為這種顧客提供一流的體驗，並且在他們之中建立藍瓶的信譽，那麼所有其他情境將相對容易處理。

我們遇到一個大問題：咖啡豆該如何分門別類？顧客有十多種咖啡豆可以選擇，每一種使用的包裝袋幾乎一模一樣。而且不同於藍瓶咖啡店，線上商店並沒有咖啡師提供意見，幫助顧客選擇咖啡豆。

這問題的答案似乎顯而易見。從精品咖啡豆業者到主流巨擘如星巴克，零售商通常按照產區來替咖啡豆分類：非洲、拉丁美洲、太平洋地區；宏都拉斯咖啡 vs. 衣索比亞咖啡。藍瓶如果也以同樣的方式替咖啡豆分類，是很合理的。

「我必須承認一件事，」布雷登開口了。所有人都看著他。「我很喜歡喝咖啡，ok？我家有電子秤和所有其他設備。」家有電子秤是真正咖啡迷的標誌。布雷登擁有電子秤，意味著他會秤水和咖啡豆，好在泡咖啡時試驗和調整比例。這是需要科學精神的。咖啡豆電子秤可以精準到 1 克以下。

布雷登臉帶微笑，雙手掌心向上。「但我不知道那些產

區代表什麼。」大家靜了下來。我們都刻意不去看詹姆斯。畢竟，布雷登承認這一點雖然勇敢，但可能會被視為「異端邪說」。

「這沒問題，」詹姆斯說。閘門打開了。約翰和傑克都不知道咖啡產區的差別，丹尼爾・柏卡也是。我們經常一起喝咖啡，但我們都不曾承認自己對咖啡所知不多。

這時候藍瓶的顧客服務總監席拉・傑魯索（Serah Giarusso）捻了一下手指，問道：「我們在咖啡店會做什麼？」她接著說，咖啡師應該會經常遇到布雷登那種情況：顧客來店裡想買咖啡豆，但不確定該買哪一種。

詹姆斯是個喜歡深思、有話慢慢講的人。他想了一下，然後答道：「泡咖啡的方法非常重要。我們因此教咖啡師問顧客一個簡單的問題：『你在家裡是怎麼泡咖啡的？』」詹姆斯說，咖啡師會看顧客是使用 Chemex（手沖咖啡濾壺）、法式濾壓壺、Mr. Coffee 咖啡機還是其他工具，然後建議一款合適的咖啡豆。

「你在家裡是怎麼泡咖啡的……？」布雷登重複這句話。每個人都在記筆記。詹姆斯在衝刺計畫一開始時便說明了他的願景：線上商店必須像實體咖啡店那樣殷勤待客。看

來我們已經掌握到一些要點。

　　第二天，我們忙著研擬線上商店的構想。週三早上，我們有 15 個不同的方案。方案數目太多，不能全部拿來請顧客檢驗。我們因此投票選出喜歡的方案，把範圍縮窄，然後由決策者詹姆斯選出三個方案來做測試。

　　第一個方案是刻意希望線上商店像實體咖啡店：網頁給人置身一家藍瓶咖啡店的感覺，能看到許多木架。第二個方案會有許多文字，模仿咖啡師與顧客的常見對話。詹姆斯選的第三個方案，是以泡咖啡的方法替咖啡豆分類，也就是把「你在家裡怎麼泡咖啡」這個問題帶到電腦螢幕上。

　　詹姆斯選了三個相互競爭的構想。我們應該選擇哪一個來做原型和測試呢？網頁像咖啡店的構想最吸引人。藍瓶的美學品味廣受推崇，相同品味的網站在市場上將獨樹一幟。我們必須測試這個構想，而它與其他方案是不相容的。但另外兩個方案也真的很誘人。我們遲遲無法選定一個。

　　我們因此決定，三個方案都製作原型。畢竟我們不必真的做出一個可以實際運作的網站。要在測試中看起來像真的一樣，每一個線上商店只需要幾個關鍵的螢幕模樣。我們與藍瓶團隊攜手，利用 Keynote 簡報軟體做了看起來像真實網

站的一系列圖片。我們花了一點心思，在完全不涉及電腦程式設計工作的情況下，將這些圖片轉化為可供顧客測試的網站原型。

星期五，我們看顧客參與測試和接受訪問。我們安排咖啡愛好者在幾個網站購買咖啡豆，藍瓶的三個網站原型混在其中。（為免洩露它們的「身分」，我們替每一個網站原型取了一個假名字。）

我們看到了一些形態。那個所有人寄予厚望的木架網站，我們覺得它很漂亮，但很多顧客說它「俗套」和「不可信」。另外兩個原型得到的評價則好得多。「你在家裡怎麼泡咖啡」的設計運作順暢。「很多文字」的設計讓我們震驚：人們會看完所有文字，額外的資訊活靈活現地展現出藍瓶的想法和專長。一名顧客便說：「這些人真的懂咖啡。」

詹姆斯和他的藍瓶團隊藉由這次衝刺計畫，建立了信心。做完這次衝刺計畫之後，他們幾乎已經能確定線上商店該如何運作。而且他們做這件事的方式，符合他們殷勤待客的原則。他們相信線上商店可以提供真實的藍瓶體驗。

幾個月後，藍瓶推出他們的新網站，線上銷售額成長率隨著倍增。第二年，他們收購了一家咖啡訂購公司。在團隊

規模擴大和採用新技術的情況下，他們擴展線上商店，並開始試驗提供新產品。他們知道，線上商店需要多年時間才能做好，但藉由那次衝刺計畫，他們起了一個很好的頭。

越是困難，衝刺計畫就越好

如果你計劃做一個需要數個月或多年時間才能完成的專案（像藍瓶的新線上商店那樣），做一次衝刺計畫是很好的起步方式。但衝刺計畫並非只適合長期專案。以下是衝刺計畫能幫上忙的三種困難的情況：

攸關重大利益

你像藍瓶咖啡那樣，面對一個大問題，而解決方案將必須投入大量時間和金錢。你就像船長：衝刺計畫是你查看導航圖的機會；你可以藉此確保自己方向正確，然後再全速前進。

時間緊迫

你面臨一個急迫的期限，像 Savioke 那樣，必須為飯店的機器人測試快速做好準備。你必須迅速找到很好的解決方案。衝刺計畫一如其名，正是為了迅速解決問題而設計的。

陷入僵局

有些重要專案令人不知如何入手,還有一些專案則會逐漸喪失前進的動能。在這些情況下,衝刺計畫可以產生火箭推進器的作用:它提供一種解決問題的新方式,幫助你脫離地心引力的束縛。

━━━━

我們與新創公司談到衝刺計畫時,鼓勵他們利用衝刺計畫處理他們最重要的問題。做衝刺計畫必須非常專注,會耗費很多精力。不要以爭取小勝利為目標,不要用它來處理不做也沒關係的專案,因為人們不會為此盡自己最大的努力。他們很可能甚至不會為此空出一週的時間。

但是,問題多大才算太大呢?衝刺計畫無疑很適合用來處理網站和其他軟體難題。但真的很大、很複雜的問題又如何?

不久之前,本書作者傑克探訪他的朋友、Graco 公司副總裁大衛·羅伊(David Lowe)。Graco 生產泵和噴霧器。它可不是一家小型新創公司,而是一家已營業逾九十年的跨國公司。

Graco 當時正在開發一種用在裝配線上的新型工業泵。副總裁大衛想知道衝刺計畫能否幫助降低這個專案的風險，畢竟設計和製造這種新工業泵需要 18 個月的時間，而且耗資以百萬美元計。他可以如何知道這個專案是走在正軌上？

傑克對工業裝配線一無所知，但他出於好奇，參加了 Graco 工程團隊的一次會議。他說：「我老實講，工業泵似乎太複雜了，大概無法在一個星期內就做出原型來測試。」

但 Graco 團隊不會輕易放棄。如果只有五天時間，他們可以做一本介紹工業泵新特色的小冊子，由銷售人員拿去拜訪潛在客戶。這種測試可以回答有關產品「可銷售性」的問題。

但工業泵本身又如何？ Graco 工程師對此也有想法。他們可以用 3D 印表機做出新噴嘴，裝到既有的泵上，測試其易用程度。他們可以帶著纜線和軟管到附近的製造廠做安裝測試，了解裝配線工人的反應。這些測試不盡理想，但可以在新工業泵還沒做出來之前，幫助 Graco 回答一些大問題。

傑克錯了。Graco 的工業泵並沒有複雜到不適合做衝刺計畫。該公司的工程師團隊接受了五天的時間限制，利用他們的專業知識做創意思考。他們把難題分割為許多個重要問

題，然後就開始看到捷徑。

　　這件事告訴我們：沒有問題是大到不適合做衝刺計畫的。沒錯，這句話聽起來很荒謬，但因為兩大理由，它是對的。首先，衝刺計畫迫使你的團隊專注於處理最迫切的問題。第二，藉由衝刺計畫，你從成品的外觀就能學到重要的東西。藍瓶可以用簡報圖片做出網站外觀的原型，之後再去建立讓網站可以實際運作的軟體和庫存流程。Graco 可以利用一本呈現產品外表的小冊子，試著推銷產品，然後再去完成產品的設計和製造工作。

先搞定外觀

　　外觀很重要。顧客首先看到的，就是產品或服務的外觀。人類既複雜又易變，我們因此無法預測人們對全新的方案會有什麼反應。我們的新構想失敗時，通常是因為我們高估了顧客理解和關心新方案的程度。

　　確定合適的外觀之後，你就能倒推出產品該用的系統或技術。專注於產品外觀，將使你得以在投入執行工作之前，快速地回答一些大問題。這就是為什麼無論多大的難題，都可以得益於衝刺計畫流程。

CHAPTER 2

團隊

　　喬治克隆尼（George Clooney）和布萊德彼特（Brad Pitt）主演的《瞞天過海》（*Ocean's Eleven*），是史上最佳盜賊電影之一。*在這部電影中，克隆尼飾演的盜賊丹尼歐遜（Danny Ocean）出獄後找來一群職業罪犯，準備做一件千載難逢的大案。他們的目標，是在拉斯維加斯某賭場舉行一場職業拳賽的晚上，偷走保險庫裡的 1.5 億美元。情況對他們不利，時間很緊迫；他們必須有精巧的計謀，而且團隊成員得發揮他們擁有的所有特殊技能，才有望成功。歐遜的團隊裡有一個扒手、一名爆破專家，還有一個特技演員。這電影非常好看。

　　衝刺計畫就像這樣一宗精心策劃的劫案。你和你的團隊

---

* 有些人或許更喜歡法蘭克辛納屈（Frank Sinatra）和狄恩馬丁（Dean Martin）主演的舊版本。

以最好的方式運用你們的才能、時間和精力，接受艱鉅的挑戰，利用你們的機智（和一點詭計）克服所遇到的一切障礙。要成功完成衝刺計畫，你必須建立合適的團隊。你不需要有一名扒手，但你需要一個領袖和多元的技能。

要建立完美的衝刺計畫團隊，首先你需要有一個丹尼歐遜——一個有權做決定的人。這個人就是衝刺計畫團隊中極其重要的決策者。決策者是專案中正式負責做決定的人。在我們合作過的許多新創公司，決策者是公司創辦人或執行長。在規模較大的公司，決策者可能是公司的副總裁、產品經理或某團隊的領袖。這些決策者一般對問題有深入的了解，而且往往抱持強烈的意見和有力的標準，有助團隊找到正確的解決方案。

以藍瓶咖啡的衝刺計畫為例，公司執行長詹姆斯・費里曼參與整個過程極為重要。他在場闡述藍瓶的核心價值觀，分享他對線上商店如何才算是符合公司待客標準的看法。他選出與這個願景最契合的幾款設計。此外，他知道公司如何訓練咖啡師，而這個細節衍生了一個出人意表的方案。

不過，決策者之所以重要，不完全是因為他們的專業知識和眼界。衝刺計畫必須有決策者參與其中，還有一個重要的原因，而我們是付出了重大的代價才學到這個教訓。我們

早期所做的一次衝刺計畫慘敗收場。為了保護無辜的人，我們就叫這家公司為「烏賊」（SquidCo）吧。*並不無辜的是本書的三位作者：傑克、約翰和布雷登。我們把這次衝刺計畫搞砸了。

我們審慎邀請烏賊公司目標專案的所有人員參與衝刺計畫。應該說，是幾乎所有的人員，因為烏賊公司的產品總監山姆無法出席。在我們確定要做衝刺計畫的那一週，山姆安排了出差行程，但所有其他人都能空出時間。我們因此協助烏賊公司做了一次衝刺計畫。他們做出一個產品原型並完成了測試，顧客喜歡這個原型，而烏賊公司的團隊已經準備好把方案付諸實行。

但山姆回來之後，這個專案就結束了。這是怎麼了？衝刺計畫得出的方案雖然在測試中表現良好，但山姆認為我們一開始根本選錯了問題。烏賊公司還有更重要的其他問題需要優先處理。

烏賊公司這次衝刺計畫失敗是我們的錯。我們試圖猜測山姆的想法，但猜錯了。衝刺計畫應該要有決策者在場的。

---

* 本書將談到幾個失敗的衝刺計畫案例。在審慎考慮之後，我們決定以化名稱呼相關公司和人員。這是為了讓我們可以坦誠講述其中的錯誤，同時避免令我們的朋友尷尬。希望各位能理解這一點。

找一位（或兩位）決策者

　　決策者必須參與衝刺計畫。如果你正是決策者，請空出時間，走進衝刺計畫室。如果你不是決策者，那你必須說服決策者參與。你可能會緊張，畢竟參與衝刺計畫是承諾為一個新流程付出很多時間。如果你公司的決策者不願意參與衝刺計畫，你可以試著運用以下一種或多種說辭：

可以快速取得進展

強調衝刺計畫可以帶來很大的進展：只需要一個星期，你就能做出實際的產品原型。有些決策者對顧客測試沒什麼感覺（至少在他們親眼看過一次之前是這樣），但幾乎所有決策者都喜歡快速的進展。

這是一次試驗

你可以把第一次衝刺計畫當作是一次試驗。試驗結束時，決策者可以幫忙評估方案的有效程度。我們發現，許多對改變工作方式猶豫不決的人，對一次性的試驗抱持開放態度。

解釋衝刺計畫涉及的取捨

向決策者說明你和你的團隊在衝刺計畫週期間，將錯過哪些重要會議和工作項目。告訴決策者你將略過哪些項

目和延後做哪些工作，並說明原因。

關鍵在於專注

誠實說明你的動機。如果你的工作品質因為團隊的例行
工作安排太分散而受損，你應該誠實說出來。告訴決策
者：與其兼顧所有事情但表現平庸，你希望能真正做好
一件事。

如果決策者同意參與衝刺計畫，但無法空出一整週的時
間，你可以邀請他在幾個關鍵時刻參與其中。週一，他可以
分享他對問題的看法。週三，他可以幫助大家選出適當的構
想來做測試。週五，他應該來看看顧客對產品的原型有什麼
反應。

如果決策者只能「客串演出」，那他必須派出一位正式
代表來參與衝刺計畫。在我們所做的許多新創公司衝刺計畫
中，執行長會指派一至兩個人，在他缺席時擔任決策者。在
某次衝刺計畫中，執行長發給設計總監一封電子郵件，裡面
寫道：「我授予你本專案的全部決策權。」荒謬嗎？是的。
有效嗎？絕對有效。這種正式的權力轉移大大增強了明確性；
如果我們之前在烏賊公司能有這種明確性，那該有多好啊。

如果決策者不認為衝刺計畫值得做，那又如何？如果他

甚至不願意客串演出呢？小心！這是巨大的警訊。你可能選錯了專案。你應該花充分的時間，與決策者討論，釐清哪一個大難題更適合進行衝刺計畫。（例外情況：工作團隊有時候會故意逆管理層的想法而行，因為他們確信產品原型和真實的數據會證明他們是對的。如果你的團隊決定在正式決策者不參與的情況下進行衝刺計畫，請審慎而為。我們為你們的勇氣鼓掌，但請記住：不參與衝刺計畫的決策者，很容易會否定衝刺計畫的結果。）

　　爭取到一名（或兩名）決策者支持衝刺計畫之後，你就應該開始組織你的衝刺計畫團隊了。團隊成員將在衝刺計畫週的每一天，整天和你共事。星期一，他們會和你一起了解問題，並選擇著力的重點。這一週當中，他們會草擬解決方案、評價各種構想、製作產品原型，以及觀看顧客受訪。

不要超過 7 個人

　　我們發現，衝刺計畫團隊的理想規模，是不超過 7 個人。如果團隊有 8 個人、9 個人或更多人，衝刺計畫的速度會變慢，而你必須要更努力，才能維持各成員的專注力和效率。如果是 7 個人或少一些，一切都會容易一點。（是啦、是啦，我們知道《瞞天過海》中的盜賊團隊有 11 個人，但那只是電影！）

那麼，你的團隊應該有哪些人？你當然希望納入把產品做出來或管理服務的人，例如工程師、設計師或產品經理等等。畢竟這些人知道公司的產品或服務是怎麼運作的，而且他們對衝刺計畫要處理的問題可能已經有一些想法。

不過，你的衝刺計畫團隊不應該只有那些平常一起工作的人。團隊成員有一定的多樣性時，衝刺計畫的效果最好──除了負責執行的核心人員之外，還應該有幾位各有所長的專家。

在 Savioke 的衝刺計畫中，一些理應有重要貢獻的人，例如機器人專家和設計總監，提供了很好的構想。但是，最重要的其中一項貢獻，卻是來自 Izumi Yaskawa。Izumi 不是機器人製造團隊的成員，但她是公司的業務發展總監，所以她比所有人都更了解飯店的運作方式，以及飯店對機器人的期望。

在藍瓶咖啡的衝刺計畫中，顧客服務經理和財務長貢獻了重要的見解，而他們通常是不會參與網站設計的。在其他的衝刺計畫中，曾有出色的解決方案是來自心臟科醫師、數學家和農業顧問。他們有哪些共同特徵？他們都有深厚的專門知識，而且熱心希望幫忙解決難題。你正應該找這樣的人，加入你的衝刺計畫團隊。

組織一個 7 人以內的團隊

　　選擇納入哪些人，有時並不容易，我們因此做了一張小抄。以下列出的角色並非缺一不可，而有些角色可以有二或三人。你只需要記住：團隊最好是由多元的人才組成。

決策者

你的團隊由誰做決定？或許是公司的執行長，也可能是這個專案的「執行長」。如果他不能全程參與衝刺計畫，務必安排他在幾個關鍵時刻參與其中，並委派一名（或兩名）可以全程參與的決策者。

例：執行長、創辦人、產品經理、設計總監

財務專家

誰可以解釋錢從哪裡來（和往哪裡去）？

例：執行長、財務長、業務發展經理

行銷專家

誰設計你公司傳播的訊息？

例：行銷長、行銷人員、公關經理、社群經理

顧客專家

誰經常與顧客一對一交談？

例：研究人員、銷售人員、顧客支援人員

技術／物流專家

誰最了解公司可以製造和提供什麼？

例：技術長、工程師

設計專家

公司的產品是誰設計的？

例：設計師、產品經理

「團隊」一詞其實有點廉價，但衝刺計畫的團隊是真正的團隊。你們將並肩合作五天。到了週五，你們將是一組解決問題的機器，對團隊面臨的難題和潛在的解決方案會有共同的深入認識。因為這種協作的氣氛，衝刺計畫是納入潛在異見者的好時機。

納入麻煩製造者

每次做衝刺計畫之前，我們會問：有沒有誰是如果我們不找他參與衝刺計畫，可能會製造麻煩的？不是指那種為爭辯而爭辯的人。我們想到的，是那種持強烈相反意見的聰明人──把他們納入衝刺計畫團隊，可能會讓你有點不安。

納入麻煩製造者的建議，某程度上是防禦性的。如果讓麻煩製造者參與衝刺計畫，甚至只是「客串演出」，他會覺得自己是相關專案的參與者和「投資人」。不過，這個建議還有一個重要原因。麻煩製造者對問題的看法，往往異於所有其他人。他們有關解決問題的瘋狂想法，可能正是對的。即使他們的想法是錯的，異見的存在將促使所有其他人提升自己的表現。

　　當然，反叛者與笨蛋有時只是一線之隔。不過，不要只是因為別人的看法和自己不同就避開他們。如本書內容將一再顯示，衝刺計畫流程可以把彼此競爭的構想變成一種資產。

　　我們列出希望納入衝刺計畫團隊的所有人時，往往會超過 7 個人。沒問題，這顯示你可以組成強大的團隊！不過，你必須做出一些艱難的決定。我們無法告訴你應該選出哪 7 個人，但我們可以告訴你怎麼安排落選的人貢獻所長，相信對你會有幫助。

週一下午的專家客串

　　如果你認為應該參與衝刺計畫的人超過 7 位，你可以安

排多出來的人在週一下午，以「專家」的身分短暫參與衝刺計畫。他們可以把自己所知的相關資訊告訴衝刺計畫團隊成員，並與他們分享自己的見解。（有關「請教專家」這程序的一切，請參考本書第 101 頁起的章節。）每位專家分享半小時應該就夠了。這是一種增進觀點多樣性、同時維持小團隊靈敏性的有效方法。

現在你已經有一位決策者和其他衝刺計畫團隊成員，以及一些將「客串演出」的專家。你的團隊已經準備就緒。除了……嗯，還必須有人主持整個衝刺計畫過程。

選一位促進者

在《瞞天過海》中，布萊德彼特飾演的羅斯萊恩（Rusty Ryan）是負責後勤的人。他讓戲中的劫案得以運作下去。你的衝刺計畫流程也需要一位羅斯萊恩。這個人就是「促進者」（Facilitator）。他將負責管理時間、對話和整個衝刺計畫的過程。他必須有信心引導會議，包括概括眾人討論的內容，以及必要時請各人停止發言、向前邁進。這是重要的工作。因為你有看這本書，你可能是擔任促進者的好人選。

對於衝刺計畫團隊該做的決定，促進者必須不偏不倚。

因此，由決策者兼任促進者不是個好主意。找一個通常不與團隊成員共事的「外人」來當促進者，往往會有好效果，但這不是必要的。

我們希望本書對促進者和所有對衝刺計畫有興趣的人都同樣便於使用。如果你將擔任促進者，你會發現，本書內容似乎是專門為你寫的；它詳細說明了你將引導團隊完成的活動，從週一早上一直到週五下午。但即使你不是促進者，你也會發現本書的內容對你有意義。

《瞞天過海》這部電影令人欣喜的其中一點，是看到盜賊團隊中每一名成員運用自身的獨特技能，成就他們的大計。你知道，戲中每一個角色都有他存在的理由，但你無法事先知道他們確切會做出什麼貢獻。

衝刺計畫也是如此。團隊中的每一位專家都將產生關鍵的貢獻——可能是提供重要的背景資訊、創新的構想，甚至是對顧客的敏銳觀察。他們實際上會說什麼、會做什麼，是無法預測的。但只要你的團隊選對了人，你們將能得到意料之外的解決方案。

CHAPTER 3
時間和空間

典型的辦公室中典型的一天，大概是這樣的：

這樣的一天漫長又忙碌，但未必有生產力。每一個會議、每一封電子郵件、每一通電話都會分散我們的注意力，讓我們很難完成真正重要的工作。整體而言，這些干擾會嚴重損害生產力，就像工作的人捅到馬蜂窩似的。

有關干擾的代價，學界做了大量的研究。喬治梅森大學的研究發現，工作中被打擾的人，寫出來的文章比較短，品質也比較差。加州大學爾灣分校的研究人員指出，分心的人

平均需要 23 分鐘才能恢復工作狀態。（我們打算在回答這條即時訊息之後，馬上閱讀更多這類研究報告。）

工作碎片化、經常分心無疑會損害生產力。當然，沒有人希望以這種方式工作。我們都希望完成重要的任務。我們也知道，重要的工作，尤其是解決大問題所需要的那種創造型工作，需要長時間不受打擾的工作條件。

這是衝刺計畫最大的好處之一：它賦予你採用理想工作方式的理由，明確地空出幾天時間，追求達成一個重要的目標。你不必在不同專案的脈絡中遊移轉換，也不會隨時被人打擾。衝刺計畫週的一天大概是這樣的：

你們會在早上 10 點開工，下午 5 點收工，中間有一個小時的午餐時間。沒錯，典型的衝刺計畫日只有六個小時的工作時間。長時間工作不等於會有更好的績效。我們發現，如果你能召集合適的人、適當組織活動並且消除干擾，在合理的工作時間之內也可以取得很大的進展。

參與衝刺計畫必須非常專注，過程很耗精力；如果團隊成員過度緊張或疲累，他們將無法產生必要的貢獻。因為早上 10 點才開始進行衝刺計畫，所有團隊成員都會有時間查看電子郵件，在工作開始前覺得自己掌握了最新情況。因為下午 5 點就收工了，團隊成員也不至於太疲累，他們可以在整個衝刺計畫週都保持精力充沛的狀態。

在日程表上空出五個整天

　　這是顯然必要的一步，也是很重要的一步。週一到週四，早上 10 點到下午 5 點，衝刺計畫團隊必須同處一室。週五的測試則稍微提早到早上 9 點開始。

為什麼是五天呢？我們試過縮短衝刺計畫的時間，但這會讓人疲累不已，而且不夠時間製作和測試產品原型。我們也試過進行為期六週、一個月和 10 天的衝刺計畫，但也沒有因為拉長時間就得到顯著較多的成果。週末會讓我們喪失工作的連續性，干擾和拖延也會悄悄出現。此外，較長的工作時間會讓我們比較執著於自己的想法，比較不願意聽取同事或顧客的意見。

　　五天是適當的時間：它產生的急迫感足以促使我們集中精力，避免無謂的辯論，而時間也夠我們不必過勞就能製作和測試原型。此外，因為多數公司都是每週工作五天，安排為期五天的衝刺計畫週是可行的。

　　一天之中，衝刺計畫團隊有一次早上的短暫休息（早上 11:30 左右），一個小時的午休（下午 1 點左右開始），以及一次下午的短休（下午 3:30 左右）。這些休息安排是一種「壓力釋放閥」，讓衝刺計畫團隊成員得以休息一下大腦，並且了解其他工作的最新情況。

　　在衝刺計畫室裡，所有人都要百分百專注於衝刺計畫要處理的難題。所有團隊成員都必須關掉筆記型電腦，並且把手機收起來。

不准使用電子裝置

衝刺計畫進行期間，時間非常寶貴，承受不起干擾。我們因此有一條簡單的規則：不准使用筆記型電腦、手機和 iPad 等平板電腦；也不准使用虛擬實境頭套。如果是在未來，不准用的還會包括全像裝置。換成是在過去，則像 Game Boy 這種遊戲機是不准使用的。

這些裝置可能會讓衝刺計畫喪失動能。如果你盯著螢幕，你很可能會忽略會議室中的重要動態，因此很難對團隊有所貢獻。更糟的是，你這麼做，無意中是在告訴其他人：「這工作一點也不有趣。」

禁止使用電子裝置，起初可能會讓人覺得不自在，但這規定其實能解除束縛。別擔心，你不會因此與外界完全斷絕聯繫。為了確保沒有人會錯過重要的事，這規則允許兩種例

外情況：

1　你可以在休息期間使用電子裝置。

2　你可以走出衝刺計畫室去使用電子裝置。你可以隨時這麼做。我們不會評斷你。你可以接聽電話、閱讀電子郵件、發一條推特，怎樣都行——只要你走出衝刺計畫室。

此外，我們在必要時也會使用電子裝置，例如向整個團隊展示某些東西，以及在週四時製作原型。你可以看到，我們並不苛刻。

你應該事先告知衝刺計畫團隊成員：衝刺計畫期間不得使用電子裝置，但必要時可以隨時走出衝刺計畫室去使用。這種例外安排讓忙碌的人也可以參與衝刺計畫，而且不必擔心與日常工作脫節。空出一整週的時間，加上不准使用電子裝置，讓衝刺計畫團隊得以非常專注地工作。為了確保你們能善用這些時間和注意力，你們必須找一個良好的工作空間。它不需要有什麼花樣，但需要一些白板。

白板讓人更聰明

　　獾公司（BadgerCo，化名）的辦公室，是我們在舊金山見過最漂亮的辦公室之一。該辦公室位於市場南區（SoMa）精華地段，是一棟改建過的建築物，有外露的木樑，使用拋光的混凝土和大量玻璃。但這辦公室有一個問題——白板。

　　首先，該辦公室的白板很小，最多只有 3 呎寬。白板因為寫寫擦擦很多次，表面呈現灰粉紅色，無論我們使用什麼清潔劑都擦不掉。獾公司還有一個辦公室常見的問題：白板筆已經用舊了。結果在白板上寫字，是把灰色的字寫在粉灰色的板子上，實在很難辨識。

　　白板不夠大造成我們很大的麻煩。我們在白板上畫示意圖，顯示顧客將如何發現獾公司新推出的行動應用程式。這個圖幾乎佔滿了白板可用的空間。獾公司的工程總監接著解釋他們的訂購計畫如何運作。這個計畫的結構很重要，布雷登因此盡可能把它記錄在白板剩餘的空間上。

　　但那塊白板根本就不夠大。布雷登試著像多才多藝的馬蓋先（MacGyver）那樣解決問題，在白板的邊緣位置寫小小的字，甚至在牆上貼上筆記紙。最後我們要求暫停，跑到

辦公用品連鎖店 Office Depot 買一些海報大小的 Post-it 畫紙。這件事花了我們一個半小時，我們因此學到一個重要的教訓：衝刺計畫開始前，務必確保有合用的白板。

――

　　為什麼我們寧願耗費 90 分鐘，就只是為了得到更多塗寫的空間？我們發現，巨型白板對於幫助我們解決問題有神奇的作用。人類的短期記憶其實不是很好，但我們的空間記憶（spatial memory）很厲害。貼滿筆記、圖表和列印資料的衝刺計畫室，有助我們發揮空間記憶的能力。衝刺計畫室本身就成了衝刺計畫團隊的某種共用的腦袋。如我們的朋友、設計公司 IDEO 執行長提姆‧布朗（Tim Brown）在他的著作《設計思考改造世界》（*Change By Design*）中寫道：「這些專案材料同時呈現出來，有助我們辨識形態；而且相對於這些資源隱藏在檔案夾、筆記本或簡報電子檔中的情況，它們同時呈現出來對創造性綜合（creative synthesis）的鼓勵作用大得多。」

準備兩大塊白板

　　你們至少會需要兩大塊白板。這樣你們才有足夠的空間

去完成多數衝刺計畫的活動（你們仍然必須拍照、擦掉一些東西，以及調整白板上的內容），並且展現最重要的筆記一整個星期。如果衝刺計畫室的牆上沒有兩大塊白板，以下是增加塗寫空間的一些簡單方法：

可移動的白板

可分為小型和大型兩大類。小型可移動白板下方有很大一部分是不能用的，而且你在白板上塗寫時會震動。大型可移動白板貴得多，但也實用得多。

白板漆

白板漆（IdeaPaint）是一種油漆，可以將一般的牆壁變成可塗寫的白板。白板漆用在平滑的牆壁上效果很好，用在粗糙的牆壁上則不是那麼好。注意：如果你使用白板漆，最好所有牆壁都漆上。如果你不這麼做，遲早會有人在沒漆上白板漆的牆上塗寫。

紙

如果無法使用白板，有紙可用總好過什麼都沒有。海報大小的 Post-it 畫紙相當貴，但容易使用，寫錯東西也容易更換。包肉紙（butcher paper）可以提供相當好用的表面，但要把它貼到牆上還真需要一點技巧。

你們最好可以在衝刺計畫週，每天不間斷地使用同一個房間。可惜這並非總是可以辦到。許多科技公司特地提供空間，讓員工玩手足球遊戲機和電玩，甚至是玩音樂（這些設施都很好，但員工實際上不常使用），但卻無法為公司最重要的專案提供一個專用的房間；我們對此頗感意外。如果沒有專用的衝刺計畫室，你們應該盡可能使用可移動的白板，以免衝刺計畫團隊的「共用腦袋」在一夜之間被消滅。

即使沒有專用的會議室，你們總是可以利用可移動的白板，隔出衝刺計畫團隊的臨時工作空間。這有點像回到童年，利用桌椅和毛毯造出一個堡壘。你們可以貼東西到牆上，也可以移動家具，為創造良好的工作空間做所有必要的事。

準備好基本用品

衝刺計畫開始之前，你必須準備好一些基本的辦公室用品，包括便利貼、白板筆、氈尖筆、Time Timer 計時器（如稍後說明），以及一般列印用紙。你們也需要一些健康零食來維持團隊成員的精力。我們深信自己知道哪些用品最好用，因此在本書後面會附上一張購物清單給各位參考。

神奇的計時器

「還要多久呢？」1983 年秋天，羅傑思（Jan Rogers）在她辛辛那提的家裡，每天要聽到這問題十幾次。她 4 歲的女兒羅蘭（Loran）對時間異常好奇。羅傑思試過她想得到的每一種答案，包括：

「直到那支小指針走到這裡。」
「直到時鐘叮一聲。」
「兩集《芝麻街》那麼久。」

但無論羅傑思怎麼說，小羅蘭就是不懂。羅傑思因此努力尋找一個比較好的時鐘。她用過數字鐘和類比鐘，也用過煮蛋計時器和鬧鐘。她走遍辛辛那提的購物商場，希望找到一種時鐘能讓 4 歲小孩清楚了解抽象的時間概念。但她找不到這樣的時鐘。她想：「我不會放棄。必要時我將發明一種時鐘。」後來她真的這麼做了。

那天傍晚，羅傑思在廚房餐桌坐下來，拿剪刀和一

堆紙和紙板，開始做實驗。她回想當年的情況：「第一個產品原型真的很簡單。我拿一個紅色紙盤，剪到可以滑進一個白色紙盤裡。那是純手工的東西，我因此必須隨著時間的過去，用手移動紙盤。」

羅蘭懂了。羅傑思意識到，她做出了一種有意義的東西。她把自己的發明稱為「Time Timer」。她起初在家裡的地下室製造她的計時器，用雙面膠紙把各部分黏在一起。她緩慢但堅定地把 Time Timer 發展成為一種事業。如今她掌管一家年營業額以百萬美元計的公司，而世界各地的教室，從阿姆斯特丹的幼稚園到史丹佛大學，都能找到 Time Timer。

Time Timer 本身體現了簡約美。一如羅傑思的原始設計，它以紅色的圓形或扇形代表所設定的時間，而紅色部分會隨著時間的流逝而逐漸縮小。它讓時間流逝的抽象概念變得生動具體。本書作者傑克在他兒子的教室首次看到 Time Timer，馬上愛上了它。他對老師說：「請你告訴我可以在哪裡買到這個東西。」畢竟如果這種計時器對學齡前兒童有用，它對企業高層也應該非常有用。結果確實是這樣。

　　我們在衝刺計畫中利用 Time Timer 來計算小段的時間，從三分鐘到一小時不等。這些小期限有助於增強衝刺計畫團隊成員的專注力和急迫感。現在有很多不需要特別裝置的計時方法，但 Time Timer 值得我們付出額外成本。因為它是一個大型的機械裝置，會議室裡人人都能看到它；這是手機或平板電腦的應用程式做不到的。此外，Time Timer 不像傳統的時鐘，你不需要運用計算或記憶能力，就能知道還剩下多少時間。時間變得可見之後，理解和討論時間將容易得多，這對專業人士團隊和羅傑思的女兒羅蘭同樣重要。

　　如果你是促進者，使用 Time Timer 還有兩種額外

好處。首先，它讓人們覺得你知道自己在做什麼——畢竟你有一個古怪的時鐘！第二，雖然多數人絕不會承認，但人們其實喜歡緊湊的時間安排。這可以增強人們對衝刺計畫流程和你擔任促進者的信心。

傑克喜歡講一段話介紹 Time Timer，因為以計時器控制人們的討論時間，可能會讓人覺得彆扭。他會講類似這樣的話：

> 我將使用這個計時器來避免我們停滯不前。當它顯示預定的時間已到時，那是提醒我們，要看看能否開始討論下一個題目了。如果它發出嗶嗶聲時你正在講話，請繼續講下去，我會補一點時間。它不是火警鐘，只是提供指引。

你第一次使用 Time Timer 時，人們可能會睜大眼睛，血壓也可能小幅上升。但請給它一個機會。到了下午，衝刺計畫團隊成員將已經習慣，而且他們在完成衝刺計畫之後，很可能還想再使用它。

星期一
Monday

週一的結構化討論將為衝刺計畫週開創道路。週一早上，你們將以終為始，擬定一個長期目標。接著你們要畫出目標難題的示意圖。下午你們則邀請公司的專家來分享他們掌握的資訊。最後，你們要選擇一個目標，也就是一週之內可以解決、具有挑戰性的部分問題。

CHAPTER 4

以終為始

　　大家都知道阿波羅 13 號太空船的故事。萬一你不知道，它大概是這樣的：太空人乘坐太空船前往月球，太空船上發生爆炸，太空人非常緊張地回到地球。在朗霍華（Ron Howard）導演的 1995 年電影《阿波羅 13》中，有一場戲是任務控制中心的團隊聚在一個黑板前研擬救援方案。

　　飛行指揮官吉恩・克蘭茲（Gene Kranz）身穿白色背心，留一頭平頂短髮，表情嚴肅得令人生畏。他拿一支粉筆，在黑板上畫了一個簡單的示意圖。它顯示控制中心希望受損的太空船完成的飛行路線：在外太空繞月球一週之後，飛回地球。這一趟行程需要逾兩天的時間。目標很清楚：控制中心必須保住太空人的性命，確保太空船每一分鐘都走在正確的路線上，安全地將太空人帶回地球。

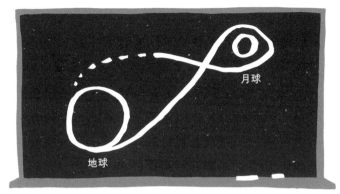

▌ 控制中心黑板上的示意圖大概是這樣。

　　在電影中，克蘭茲一再回到黑板上顯示的目標。在控制中心亂成一團之際，這個簡單的示意圖幫助中心的團隊專注於解決正確的問題。他們首先修正太空船的方向，確保它不會飛向更遠的外太空。接著，他們更換了一個發生故障的空氣過濾器，好讓太空人能夠呼吸。完成這兩件事之後，他們才把注意力轉向如何讓太空船安全著陸。

━━━

　　遇到大問題時（例如你們選擇作為衝刺計畫目標的那種難題），我們自然希望馬上解決問題。時間一分一秒地流逝，團隊成員處於亢奮狀態，解決方案開始在每個人的腦中浮現。但是，如果你們不先慢下來，交流彼此所知，釐清事情

的輕重緩急，你們可能會把時間和精力浪費在錯誤的地方。

如果控制中心先去處理空氣過濾器的問題，他們將錯過修正太空船飛行軌道的機會；如此一來，阿波羅 13 號可能會飛向冥王星。*但控制中心在著手解決問題之前，先組織起來，釐清了輕重緩急。這是很明智的做法。你的團隊也將以同樣的方式開始你們的衝刺計畫。事實上，（在氧氣無限供應的奢侈條件下）你們將把衝刺計畫週的第一天完全用來做規劃。

週一的第一項活動是「以終為始」（Start at the End）：展望衝刺計畫週結束和之後的情況。一如吉恩‧克蘭茲畫出太空船飛回地球的示意圖，你和你的團隊將釐清一些基本情況：你們的長期目標，以及必須回答的難題。

「以終為始」有如乘坐時光機。如果你可以跳到衝刺計畫完成的時候，你將看到衝刺計畫回答了哪些問題？如果你可以再跳到六個月或一年之後，公司的業務將因為這個專案而得到怎樣的改善？即使未來看似顯而易見，在週一花時間做具體的展望，並且記錄下來，仍然是值得的。你們將先確定專案的長期目標。

---

* 冥王星，如果你在看這本書，我們想告訴你，我們仍然相信你是一顆行星。

設定長期目標

你可以問你的團隊成員以下問題，藉此啟動討論：

我們為什麼要做這個專案？六個月、一年、甚至是五年之後，我們希望自己走到哪裡？

接下來的討論可能短至 30 秒，也可能長達 30 分鐘。如果團隊成員對應該設定什麼目標意見分歧，又或者難以擬定明確的目標，不要覺得尷尬。請好好討論，找出答案。放慢腳步可能讓人一時覺得沮喪，但確定明確目標給人的滿足感和信心，可以持續整個星期。

設定長期目標有時相當容易。像是藍瓶咖啡就知道他們的長期方向：藉由線上商店，為新顧客提供一流的咖啡。當然，他們其實可以把目標簡化為「在網路上銷售更多咖啡」，但他們希望維持一流的咖啡體驗，而且也想自我挑戰，力求接觸新顧客、而非只是服務既有的支持者。他們設定的長期目標反映了這種抱負。

在一些衝刺計畫中，設定長期目標需要簡短的討論。Savioke 對他們的 Relay 機器人有很多期望。目標應該是改善飯店前台員工的效率嗎？抑或應該是爭取最多飯店訂購最

多的機器人？Savioke 希望以顧客為中心，因此選擇了與飯店相同的目標：提供更好的顧客體驗。

你們的目標應該反映團隊的原則和抱負。別擔心目標設得太遠大。衝刺計畫流程能幫助你找到一個適當的切入點，而且再大的目標也可以取得實質進展。確定了長期目標之後，請把它寫在白板的頂部。在整個衝刺計畫過程中，它會一直留在那裡，有如一座燈塔，確保所有人往同一方向前進。

———

好，是時候做一次態度調整了。設定長期目標時，你是樂觀的。你設想一個完美的未來。現在是時候轉為悲觀了。想像你現在身處一年之後，你的專案證實是一場災難。是什麼導致它失敗的？你的目標如何出錯了？

每一個目標的背後，都有一些危險的假設。這些假設不受檢視的時間越久，風險將越大。衝刺計畫提供了一個黃金機會，讓你釐清目標背後的假設，把它們轉化為問題，並找出一些答案。

Savioke 假定他們的 Relay 機器人將能創造更好的顧客體驗。但他們也很明智地設想自己出錯的情況：Relay 機器

人讓顧客覺得不自在和困惑。他們有三個大問題：機器人可以順利完成遞送物品的任務嗎？（答案是可以。）顧客會覺得機器人突兀和不好應付嗎？（答案是不會，只是機器人的觸控螢幕有點不靈光。）還有一個有點奢求的問題：顧客會只因為這個機器人就入住飯店嗎？（讓人意外的是，有些人說會。）

一如長期目標，這些問題在整個衝刺計畫的過程中，為團隊尋找解決方案和做決策提供指引。它們構成類似檢查表的東西，是你們在整個衝刺計畫過程中的重要參考資料，也是你們在週五的測試之後評估解決方案的部分標準。

列出衝刺計畫的問題

你們將在第二塊白板（如果有的話）上列出你們的衝刺計畫問題。以下幾個問題，可以刺激衝刺計畫團隊思考假設和問題：

- 我們希望在這次衝刺計畫中回答什麼問題？
- 達成我們的長期目標需要哪些條件？
- 如果我們坐時光機飛到未來，發現我們的專案失敗了，失敗的原因可能是什麼？

這項作業很重要的一部分，是換一種方式敘述假設和障礙，將它們轉化為問題。藍瓶咖啡假定他們可以找到一種方法，透過他們的網站傳達他們的專業知識；但在進行衝刺計畫之前，他們不確定應該怎麼做。我們不難找到類似藍瓶咖啡這樣的假設，並將它轉化為一個問題：

　　Q：接觸新顧客需要什麼條件？
　　A：他們必須信任我們的專業知識。

　　Q：我們可以如何把這個假設轉化為一個問題？
　　A：顧客會信任我們的專業知識嗎？

　　上述對話可能顯得怪異，正常人不會這樣交談。*但是，把這些潛在的麻煩變成問題，可以讓它們變得比較容易追蹤，以及比較容易藉由方案草圖、原型和測試來回答。這種做法也微妙地把（讓人不安的）不確定性轉化為（讓人興奮的）好奇心。

　　你們可能只擬出一、兩條衝刺計畫問題。沒關係。你們也可能擬出十幾條甚至更多問題。同樣沒關係。如果你們的

---

* 除非他們是電視問答節目《危機情境》（*Jeopardy!*）的參賽者，該節目正是要求
　參賽者從答案反推出正確的問題。

問題清單很長，別擔心如何選出最重要的問題。週一快結束時，在你們選定衝刺計畫的目標之後，就會完成這件事。

　　藉由這些問題做「以終為始」的設想，你們將面對自己的恐懼。大問題和未知數可能令人不安，但把它們全部列在一個地方，會讓你們覺得放心。你們會知道自己希望到達的目的地，以及途中將面對的問題。

CHAPTER 5
示意圖

　　托爾金（J.R.R. Tolkien）的《魔戒》（*The Lord of the Rings*）是一部歷險史詩，共三大卷，篇幅逾千頁。書中有作者發明的語言、歷史、前傳，以及豐富的枝節。故事令人讚嘆，但也錯綜複雜。

　　老實說，閱讀《魔戒》時很容易迷失。但托爾金也考慮到讀者的需要。該書卷首有一幅地圖。書中角色經過末日火山（Mount Doom）、莫里亞礦坑（Mines of Moria）和迷霧山脈（Misty Mountains）*這些地方時，讀者可以翻到卷首的地圖，提醒自己眼下的情節發生在哪裡，同時認識各情節如何構成一個整體。

---

* 有關迷霧山脈的進一步資料，可以參考齊柏林飛船樂隊的第四張專輯。

衝刺計畫團隊週一將完成的示意圖也類似這樣：一個簡單的圖，代表許多錯綜複雜的事物。衝刺計畫示意圖將顯示顧客如何「經過」你們的服務或產品，而非精靈或巫師如何經過中土（Middle Earth）。這種圖不像《魔戒》地圖那麼讓人興奮，但同樣非常有用。

這個示意圖在整個衝刺計畫週都非常重要。週一結束前，你們將利用這張圖，把大難題縮窄為一個明確的衝刺計畫目標。衝刺計畫週稍後，這張圖將為你們的方案草圖和原型提供一種結構。它將幫助你們持續了解各部分如何構成一個整體，而且可以減輕各人的短期記憶負擔。

不過，這種示意圖與《魔戒》地圖有個不同之處：它們相當簡單。無論業務難題如何複雜，都可以用幾個詞和幾個箭頭畫出示意圖。為了幫助各位了解我們的意思，接下來將以 Flatiron Health 為例來說明。這家公司面臨的難題很複雜，但其示意圖卻非常簡單。

外頭下過一陣小雪，曼哈頓的天空鉛雲密佈，但這間會議室內卻是溫暖舒適。我們四人（傑克、約翰、布雷登

和我們的研究合夥人麥可・馬格里斯）來到紐約市，參與 Flatiron Health 公司的衝刺計畫。該公司是 GV 最大規模的投資之一。我們在 Google 的曼哈頓辦公室進行這次衝刺計畫，這裡以前是港務局的一棟大樓，佔了市區一整個街區。大樓的平面配置圖令人混淆（傑克在第一天迷路了三次），但我們找到了九樓一間閒置的會議室，把桌子搬到牆邊，以數張可移動的椅子圍繞著一塊白板。

我們已經知道 Flatiron 的背景。該公司由奈德・特納（Nat Turner）和薩克・溫伯格（Zach Weinberg）這對朋友創立。奈德和薩克於 2000 年代創辦了名為 Invite Media 的廣告技術公司，後來把公司賣給了 Google。

數年後，兩人開始考慮第二次創業，而他們一再注意到的是醫療問題。他們都見過親友受癌症折磨，也親身見識到癌症治療的各種複雜情況。奈德和薩克因此得到靈感：他們認為大規模的資料分析可以藉由研究大量醫療記錄和測試結果，幫助醫生適時選擇適當的療法。他們因此離開 Google，創立了 Flatiron Health。

這家新創公司展現了強勁的氣勢：籌得逾 1.3 億美元的資本，並收購了業界領先的電子病歷公司。他們聘請了世界

級的工程師和腫瘤科醫師團隊，還爭取到數百家癌症診所成為客戶。公司已經具備條件開展他們認為對癌症治療有重大意義的專案——改善臨床試驗的參與情況。

臨床試驗提供獲得最新療法的機會。某些病人可能因此得到救命的藥物。但試驗不僅攸關新藥，還關乎更好的資料。蒐集和組織每一次試驗的資料，有助研究者了解新舊療法的效力。

但是在美國，只有 4% 的癌症病人參與臨床試驗。另外 96% 癌症病人的治療資料，醫師和研究人員無法用來增進對癌症的認識和改善療法。

Flatiron 希望所有合適的病人都有機會參與臨床試驗。他們想開發一種軟體工具，幫助癌症診所安排病人接受合適的臨床試驗——這件事用人力去做非常費力，或許是找病人參與臨床試驗的最大障礙。罹患常見癌症者，可能適合參與檢視標準療法效力的試驗；罹患罕見癌症者，則可能適合接受非常專門的新療法。情況獨特的病人非常多，療法也很多樣，沒有人能夠追蹤掌握。

Flatiron 決定做一次衝刺計畫，為此組織了一個優秀的

團隊。此次衝刺計畫的決策者為 Flatiron 的醫學總監艾美·阿柏內希博士（Amy Abernethy）。公司執行長奈德出席了數小時，為我們說明背景情況。參與者還有六名主管，包括腫瘤科醫師和電腦工程師，以及產品經理艾力克斯·英格拉姆（Alex Ingram）。（如果你數人數，會發現 Flatiron 的衝刺計畫團隊超過 7 個人。但不超過 7 個人只是指引，並非硬性規定。）

早上我們完成了「以終為始」的作業。我們輕鬆選定了目標：更多病人參與臨床試驗。我們接著研擬衝刺計畫要處理的大問題。

「我們必須夠快，」艾美說。她的口音異乎尋常：一半是澳洲腔（她在澳洲取得醫學哲學博士學位），一半是北卡州腔調（她在杜克大學從事癌症研究多年）。「如果你剛被診斷出罹患癌症，你不能坐等醫生慢慢考慮每一種臨床試驗。你必須馬上開始接受治療。」

傑克打開白板筆的蓋子，想了一下，試著把這個潛在麻煩轉化為一個問題。然後他在白板上寫下問題，讓所有人都能看到：我們可以夠快地安排病人接受適當的臨床試驗嗎？

「每一間診所都已經有自身根深柢固的程序，」產品經理艾力克斯說。「很多團隊的人，已經以同樣的方式合作了很多年。我們必須提供遠優於現狀的做法，否則他們不會改變工作流程。」

傑克加上一個問題：診所會改變它們的工作流程嗎？

列出衝刺計畫問題之後，我們著手畫示意圖。麥可‧馬格里斯和艾力克斯‧英格拉姆訪問過癌症診所的員工；在艾美的協助下，他們告訴我們臨床試驗是怎麼安排的。

為了安排病人參與合適的試驗，醫師和研究協調員要考慮很多試驗要求，包括病人接受過什麼治療、血球計數，以及癌細胞的 DNA 突變等等。隨著癌症療法變得愈來愈精細，而且更重視標靶療法，這些要求也已經變得更具體。艾美說：「一種療法可能只有少數適合的病人散落在全國各地。尋找合適的病人有如海底撈針。」

長期目標：更多病人參與臨床試驗

衝刺計畫問題：
・我們可以夠快地安排病人接受適當的臨床試驗嗎？
・診所會改變它們的工作流程嗎？

　　這是一個複雜又麻煩的系統。但經過一個小時的討論和反覆修改之後，我們畫出了一個簡單的示意圖：

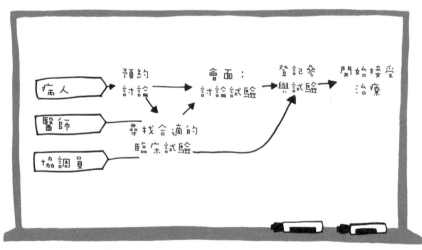

▍ Flatiron Health 的臨床試驗安排示意圖

示意圖的左邊列出臨床試驗登記所涉及的人：病人和醫師（決定如何治療的核心人物），以及診所的研究協調員（很容易被忽略，但很可能最了解有哪些試驗可以參加）。示意圖從左邊開始，顯示病人預約討論療法，醫師和協調員尋找合適的臨床試驗，醫師與病人討論，病人登記參與試驗和開始接受治療。

　　在這個登記過程中，簡單的幾個步驟背後有各種各樣的困難，包括員工過勞、資料不全，以及溝通不良等等。艾美告訴我們，醫師理應建議病人參加適當的臨床試驗，但許多醫師連他們的診所可以提供哪些試驗都不知道。下午我們將有時間一一討論相關問題和機會。有了這個示意圖，我們暫時已有足夠的資料開始討論。

———

　　Flatiron Health 有個複雜的問題，但其示意圖卻相當簡單。你們的衝刺計畫示意圖也應該是簡單的。示意圖不必記錄所有細節和細微的差別，只需要記錄顧客從開始到完成這個過程中的主要步驟（在 Flatiron 的例子中，是從診斷出癌症到開始參與臨床試驗）。

我們來看更多例子。（你可以看看自己能否辨識出各個示意圖中的共同要素。）在衝刺計畫週的第一天，Savioke的團隊必須組織有關機器人技術、導航、飯店運作方式，以及房客習慣的資訊。以下是他們的示意圖：

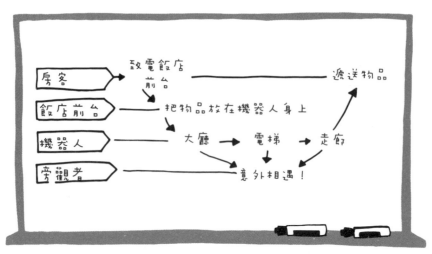

▌ Savioke 的機器人遞送物品示意圖

在衝刺計畫週的第一天，藍瓶咖啡團隊整理了有關選擇咖啡豆、顧客支援、咖啡店運作和配銷通路的資訊。以下是他們的示意圖：

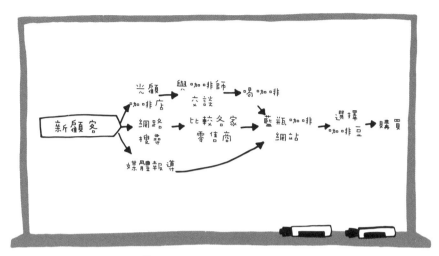

■ 藍瓶咖啡的線上銷售示意圖

　　這些示意圖有什麼共同要素？每張圖都是以顧客為中心，左手邊列出關鍵角色。每張圖都是一個故事，有開頭、中間部分和結局。此外，無論是什麼業務，示意圖都相當簡單。這些示意圖不過是由一些文字、框框和箭頭構成。現在你已經知道示意圖的樣子，可以開始畫自己的圖了。

畫示意圖

　　寫下長期目標和衝刺計畫問題之後，你們將於週一早上畫出示意圖的第一版。利用你們寫下長期目標的那塊白板，

努力去畫。我們畫示意圖的時候，遵循以下步驟（注意：
本書後面有必要步驟的檢查表，所以你不必把這些步驟背起
來）：

1 列出重要角色（在左邊）

你們故事中的重要角色，通常是各類型的顧客。應該列
出來的重要角色，有時也包括顧客以外的人，例如公司
的銷售團隊或某個政府監理機關。當然，重要角色也可
能是一個機器人。

2 寫下結局（在右邊）

確定故事的結局，通常比確定中間部分容易得多。
Flatiron 的故事，以病人接受治療為結局。Savioke 的
故事，以機器人遞送物品為結局。藍瓶咖啡的故事，則
是以顧客購買咖啡豆為結局。

3 中間是文字和箭頭

示意圖應該是實用品而非藝術品。中間部分使用文字和
箭頭，必要時加一些框框應已足夠。畫示意圖不需要繪
畫的技術。

4 簡單為上

示意圖中的步驟，應該介於 5 至 15 個左右。如果示意

圖有超過 20 個步驟，它很可能是太複雜了。示意圖若
能保持簡單，衝刺計畫團隊將能就問題的結構達成共
識，而且可以避免糾纏於各個潛在解決方案。

5　尋求協助

在畫示意圖的過程中，你應該不時問團隊成員：「這個
圖看起來正確嗎？」

示意圖的第一版，應該可以在 30 至 60 分鐘內完成。如
果在週一隨後的討論過程中，你們繼續更新或修正示意
圖，不要感到意外。我們從來沒有一次就畫出不必修改的示意
圖，但我們總是要動手開始畫。

畫好示意圖之後，你們就已經到達一個重要的里程碑
了。你們的長期目標、衝刺計畫問題和示意圖都已經有了草
稿。你們已經可以看到衝刺計畫的輪廓，也就是你們希望藉
由週五的測試釐清的未知數，以及解決方案和原型的基本設
計。長期目標是激勵你們前進的指引，也是你們衡量解決方
案的標準。

週一餘下時間，你們將訪問團隊中的專家，蒐集有關問
題空間（problem space）的更多資訊。在這過程中，你們
將加入更多問題、更新示意圖，甚至是調整長期目標的措辭。

團隊成員將合作做筆記,為白板上的示意圖增添深度。

　　你們週一下午必須做的事,是集合所有團隊成員的知識和專長,建構一個有凝聚力的「圖像」。在下一章,我們會說明如何向公司裡的專家學習,以及示範一種近乎神奇的做筆記方法。

CHAPTER 6
請教專家

　　你的團隊對你們的難題所知甚多，但這種知識是分散的。有些人最了解公司的顧客，有些人則最了解技術、行銷和業務等等。在日常運作中，公司各團隊沒有機會聯合起來，把所有知識綜合起來使用。在接下來的一組作業中，這正是你們要做的事。

　　週一下午大部分時間將用來做我們稱為「請教專家」的作業：衝刺計畫團隊逐一訪問某方面的專家；這些專家可以是衝刺計畫團隊的成員、公司其他同事，甚至是熟悉某個領域的外部人士。在這過程中，每一位衝刺計畫團隊成員將個別做筆記。你們將蒐集必要的資訊來選擇衝刺計畫的目標，並且為週二將研擬的解決方案蒐集資料。

為什麼要這麼麻煩呢？一如衝刺計畫中的許多其他步驟，我們是在犯過大錯之後，認為有必要做這一步。我們剛開始做衝刺計畫時，以為和公司負責人（通常是執行長和各領域的主管）交談就能了解一切。這看來是有道理的。決策者應該最了解自己負責的專案，對吧？嗯，事實證明，他們並非無所不知，即使他們可能以為自己無所不知。

　　我們曾在海象公司（WalrusCo，名字和可辨識身分的細節同樣已更改，以保護無辜者）做衝刺計畫。我們聽過該公司執行長和產品總監所能告訴我們的一切。我們在白板上畫出了示意圖，對它頗有信心。海象公司執行長說，我們所畫的示意圖「絕對、百分百」正確。

　　這時候溫蒂（同樣是化名）走進了衝刺計畫室。她充滿活力，衣袖捲到手肘處，講話時不時搓手並踱步。

　　溫蒂管理海象公司的銷售團隊。她比所有人更了解顧客在銷售過程中的各階段有什麼反應。她指著我們的示意圖，說：「在這裡，他們會說：『我從未聽過這家海象公司。為什麼我要相信你們這些人，告訴你們我的帳號？』」她拿一個紙杯喝了一大口水，然後指著另一個地方，說：「在這裡，我們需要他們報稅使用的身分編號，沒有人會記住這東西。他們將必須尋找相關文件，在檔案櫃裡東翻西找。如果我到

這裡還沒有解決信任問題，遊戲便到此為止。」

所有人都在做筆記。傑克跑到白板前，用他的拇指擦掉幾條線，補上溫蒂更正的內容。「是這樣嗎？」他說。溫蒂看了一下她的手錶，然後檢查傑克的修改。

「是的。」她把手上的紙杯壓扁，丟進垃圾桶。「大概是這樣，」她聳肩表示歉意，說：「謝謝你們問我的意見。不好意思，我還有事要忙。」

在海象公司，執行長原本確信我們已經掌握所有情況。但溫蒂幾乎改變了我們示意圖的每一部分。你或許會認為海象公司的執行長是個蠢人，但我們必須說：在溫蒂介入之前，我們的示意圖是正確的，只是之後變得更正確。溫蒂將基本事實置於真實的顧客脈絡中。

沒有人無所不知

溫蒂使我們認識到，大難題涉及許多微妙情況；若想了解一切，你必須綜合許多來源的資訊。沒有人是無所不知的，公司執行長也不例外。資訊不勻稱地散佈在團隊和公司之中。在衝刺計畫中，你們必須蒐集相關資訊並且理解其意義，

而請教專家是做這件事最好、最快速的方法。

決定請教什麼人需要一點技巧。就你自己的團隊而言，你很可能已經直覺地知道誰是適當人選。我們認為，以下每一個領域最好能有至少一名專家可以請教：

策略

先訪問決策者。如果決策者不能全程參與衝刺計畫，務必請他週一下午來跟衝刺計畫團隊交流。以下是一些有用的問題：「這個專案需要什麼條件才能成功？」「我們有什麼獨特的優勢或機會？」「最大的風險是什麼？」

顧客的意見

公司之中，誰與顧客有最多的交流？誰可以從顧客的立場解釋事情？溫蒂是顧客專家的好例子。無論這個人是在銷售、顧客支援、研究或其他部門，他們的見解很可能是關鍵的。

事物的運作方式

誰最了解公司產品所涉及的技術？衝刺計畫團隊中應該有人是負責把產品做出來，又或者把你們的構想付諸實踐，例如設計師、工程師或行銷人員。Savioke 訪問機

器人專家，藍瓶咖啡訪問咖啡師，Flatiron 訪問腫瘤科醫師。可以考慮訪問財務專家、技術／物流專家，以及行銷專家。我們經常會與二至四名「事物運作方式」的專家討論，以求了解各部分如何構成一個可運作的整體。

之前的努力

團隊中通常有人已經詳細思考過目標問題。這個人可能已經有解決問題的構想，做過失敗的試驗，甚至已經做出了半成品。你們應該檢視這些既有的方案。許多衝刺計畫團隊藉由充實不完整的構想，又或者修改失敗的構想，得到很好的結果。例如 Savioke 在做衝刺計畫之前，幾乎已經想好了機器人個性的全部要素，但還沒有機會把它們整合起來。

和這些專家交談，可以提醒衝刺計畫團隊一些本來知道但可能已經遺忘的事。這個過程總是可以產生一些意料之外的洞見。此外，它還有一個寶貴的長期好處：在衝刺計畫初期邀請這些專家提供意見，有助他們對專案的結果產生投入感。你們稍後開始執行衝刺計畫產生的方案時，這些專家很可能將是你們最有力的支持者。

請教專家

為每一位專家預留半小時,雖然你們很可能不會用完全部時間。專家準備就緒後,我們會根據以下的簡單流程操作。

1　介紹衝刺計畫

如果專家並非衝刺計畫團隊的成員,請向他說明這次衝刺計畫所為何事。

2　重溫白板上的重點

花兩分鐘向專家介紹長期目標、衝刺計畫問題和示意圖。

3　打開話題

請專家告訴大家他所知道的,有關目標難題的一切。

4　問問題

衝刺計畫團隊應該像一群記者那樣,努力挖掘故事。請專家在他有額外專長的領域提供更多資訊。請他重述他認為你們已經知道的東西。最重要的是,請專家指出你們哪裡搞錯了。他可以在你們的示意圖上找到不完整的地方嗎?他是否認為你們漏掉了重要的衝刺計畫問題?他看到什麼機會?「為什麼?」和「請詳述」是要求專

家提供更多資訊的有用說法。

5 更新白板上的內容

增列衝刺計畫問題。修改示意圖。必要時更新長期目標。專家是來告訴你們早上不知道或已經忘記的東西。因此,不必因為修改白板上的內容而感到羞愧。

就是這樣。你們的專家不必準備一套簡報幻燈片。如果他們本來就有東西要展示,沒問題。不過,即席討論示意圖和顧客等問題,通常是效率比較高的做法。即席討論可能讓人有點緊張,但這是有效的。如果他們是真正的專家,他們會告訴你一些你不懂得問的東西。

你們的專家將提供大量資訊。那麼,你們要如何把這些資訊完整記錄下來?等團隊在週二研擬初步方案時,很多有意思的細節在你們的短期記憶中將已經淡化。白板有幫助,但還不夠;你們會需要額外的筆記。

想像團隊中人人都自己記筆記。這很好,但如果只有某人觀察到一些有意思的東西,其他團隊成員將無法因此得益。每一個人的筆記都會被「鎖」在他的筆記本裡。

想像你是一名巫師。你揮一下你的魔法棒。一張張紙從

各人的筆記本中飛出來，組成一套筆記。接著，這些紙自己裂開變成碎片，然後內容最有意思的碎片與其他碎片分開，自己貼到牆上供所有人瀏覽（這是魔法嘛）。做得好啊，巫師！你從團隊的筆記中選出精華，把它們組織起來，而且毫不費時。

可惜我們都不懂得施展魔法。不過，我們懂得一個技巧，可以達到相同的效果，而且相當快速。

這個方法叫做「我們可以如何」（How Might We，簡稱 HMW）。它是寶僑公司（P&G）在 1970 年代開發出來的，但我們是從設計公司 IDEO 學到的。HMW 是這麼做的：每個人自己做筆記，一個構想寫在一張便利貼上。一天結束時，你們整合整個團隊的筆記，加以整理，並選出其中幾個最有意思的。這些傑出筆記將幫助你們決定以示意圖的哪一個部分為目標，並為你們週二研擬方案提供靈感。

運用這個技巧時，你們將以提問的方式記筆記，問題的形式是：「我們可以如何……？」例如在藍瓶咖啡的衝刺計畫中，我們可以問：「我們可以如何再造顧客的咖啡店體驗？」或「我們可以如何確保顧客得到新鮮烘焙的咖啡豆？」

「我們可以如何」這種措辭有點不自然，有些人*可能

藍瓶咖啡的「我們可以如何」（HMW）筆記

會對此很不高興。畢竟多數人在現實中不會這麼講話。加上筆記必須寫在便利貼上，這種做法可能會讓人覺得有點蠢。我們剛知道 HMW 方法時，也有這樣的擔心。

　　但我們試用這個方法後，開始認識到，這種開放式的樂觀措辭迫使我們尋找機會和挑戰，而不是深深陷入問題的泥沼中，又或者太快斷定已經找到解決方案（後者更糟）。而且因為每一條問題都採用相同的形式，我們可以很快地閱

---

* 我們無意針對任何人，但……嗯，例如工程師。

讀、理解和評估一整面牆的這種筆記（這是你們週一下午稍後將做的事）。

做 HMW 筆記

每一位團隊成員都需要自己的一疊便利貼（標準的 3 吋乘 5 吋黃色便利貼），以及一支粗頭黑色白板筆。*用粗頭筆在一小張便利貼上寫字，可以迫使大家寫出簡潔易讀的標題式句子。

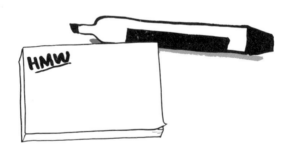

做筆記時，請遵循以下步驟：

---

* 我們喜歡用白板筆而非 Sharpie 麥克筆，原因有三個：①白板筆用途較多；②它們不會散發很強的味道；③如果你給傑克一支 Sharpie，他一定會不小心用來寫白板。

1　在便利貼的左上角寫上「我們可以如何」（或以英文縮寫 HMW 代替）。

2　等待。

3　聽到有意思的話時，靜靜地把它轉化為一條問題。

4　在便利貼上寫下這條問題。

5　撕下這張便利貼，放在一邊。

每個人最終都會累積成一小疊便利貼——你們稍後會加以整理。

這個方法起初確實會讓人覺得困難，但我們合作過的每一個團隊，一旦開始寫就會明白該怎麼做了。為了更好地說明「請教專家」和 HMW 筆記的運作方式，我們來看一次實際的專家訪問，以及由此產生的筆記。這次訪問發生在 Flatiron 的衝刺計畫中，我們訪問的是該公司臨床策略副總裁波比・格林（Bobby Green）。訪問歷時 15 分鐘，以下是前 2 分鐘左右的內容。

_____

「波比，我們的示意圖有缺什麼嗎？」傑克說。

「嗯，我可以談談這一部分，」波比指向白板，示意圖

上寫著「尋找合適的臨床試驗」。「我可以告訴大家醫師對這部分的看法。」

波比發給大家幾份三頁紙的資料。「這是臨床試驗的典型標準清單，」他說。「我們要判斷一名病人是否適合參與某項臨床試驗時，會拿我們所知道的病人情況跟這種清單比較。」

該清單列出了種種條件，共有 54 項：例如「18 歲或以上」，以及「距離上次使用 sargramostim（GM-CSF）、干擾素 alfa-2b 或介白素 -2 至少四週」。對傑克、布雷登和約翰來說，其中很多條件不容易理解。但有一點是很明確的：這是一份很長的清單。

Flatiron 產品經理艾力克斯‧英格拉姆抬頭說：「病人的這些資料，診所並不齊全，對吧？」

波比點頭，說：「這些資料有一些可以在電子病歷中找到，但有很多是找不到的。」

「請提醒我們，如果資料不在病歷中，診所會怎麼做，」Flatiron 醫學總監艾美‧阿柏內希說。她顯然已經知道答案，但認為其他人也聽聽答案會有好處。

「嗯，這要看情況，」波比說。「例如許多臨床試驗要求病人『沒有不受控制的心臟病。』這個要求相當模糊，但它的意思很可能是：病人最近不曾有心臟病發作的記錄。這種資料不容易在電子病歷上找到。因此，診所必須有人詢問病人或病人的心臟科醫師。到最後，腫瘤科醫師可能必須根據情況做出判斷。」

波比把他自己的一疊資料放在桌上。「要安排病人接受合適的臨床試驗，我們必須回答十幾二十條開放式問題。你把這個數字乘以每週的新病人數目，以及每間診所的臨床試驗數目，就會知道工作有多繁重。」他露出疲倦的微笑。「而且別忘了，腫瘤科醫師本來就已經很忙。」

房間裡大家紛紛點頭。在此同時，我們也都非常積極地在便利貼上寫筆記。

概括一下：衝刺計畫促進者傑克問波比對白板上的示意圖有何意見，藉此打開話題。在場所有人因此了解新資訊的脈絡，知道新資訊和已討論的東西有何關係。

衝刺計畫團隊接著問了很多問題。艾美「請提醒我

們……」的說法很有用，因為多數訪問會提到衝刺計畫團隊已經聽過的內容。這是沒問題的。再講一次可以喚起大家的記憶，並且揭露新細節。「請提醒我們」也是讓專家覺得自在的好說法。波比不需要這種協助（他是有自信的演講者），但以這種方式問問題，有助於誘導專家提供有用的資料，連最安靜的人也不例外。

我們來談談做筆記。波比提到的問題包括以下重點：

- 篩選病人所需要的資料不容易在他們的病歷中找到。
- 補齊所缺的資料需要耗費大量時間和精力。
- 病人、臨床試驗和相關要求的數量大到難以應付。

呃。情況令人沮喪，對吧？但波比講話期間，Flatiron團隊正把這些問題轉化為「我們可以如何」的機會。以下是他們所做的一些筆記：

HMW
組織篩選病人所需要的關鍵資料？

HMW
提升與外部醫師討論的效率？

HMW
加快檢視電子病歷的速度？

閱讀 HMW 筆記，感覺比閱讀問題清單好得多。專家訪問結束後，我們看到牆上彼此的 HMW 筆記時，真讓人振奮。每一則 HMW 筆記都記錄了一個問題，並把它轉化為一個機會。

　　此外，每一個問題都可以用多種不同方式回答。這些問題不會太空泛（例如「我們可以如何改造醫療照護？」），也不會太狹隘（例如「我們可以如何把公司商標置於右上角？」）。Flatiron 的 HMW 筆記剛好具體到可以促使衝刺計畫團隊提出多種解決方案。這些筆記在週二，將為我們研擬解決方案提供絕佳的靈感。

　　波比的訪問示範了週一下午的基本運作方式。你們將以示意圖為綱要，訪問專家，並把你們聽到的每一個問題轉化為機會。到訪問完成時，衝刺計畫團隊已經產生了一疊筆記。在多數衝刺計畫中，我們得到的 HMW 筆記介於 30 至 100 則之間。可惜，你們無法好好利用這麼多的 HMW 問題。等到你們把注意力轉向研擬解決方案時，你們有限的腦力無法處理這麼多機會。你們必須縮窄機會的範圍。

組織 HMW 筆記

專家訪問一結束，每一個人都應該集合自己的 HMW 筆記，並把它們貼在牆上。隨意張貼即可，例如這樣：

▌ 先把 HMW 筆記隨意貼到牆上。

哇，好混亂！現在你們再把這些筆記分門別類。你們一起尋找主題相近的 HMW 問題，在牆上把它們移到一起。

你們無法事先知道可以用什麼主題來替筆記分類。這些主題將在你們嘗試分類的過程中浮現。例如在 Flatiron 的例子中，你們瀏覽牆上的筆記，可能會注意到其中有一些與電子病歷有關，所以你們把這些筆記放到一起。就這樣，你們找到了一個主題。

在分類的過程中，替筆記貼上主題標籤是有用的。你們只需要在新的便利貼上寫上主題，然後貼在筆記群組的上方即可。（我們通常會有一些筆記無法歸類，結果歸入「雜項」群組。這些筆記中往往會有一些最好的構想。）

┃ 替 HMW 筆記分組，並給每一組一個主題標籤。

只要你們願意，筆記分類過程可以沒完沒了。但筆記分類不必完美無瑕。通常只需要 10 分鐘時間，筆記分類就已經夠好，可以開始排序這一步了。

投票選出重要的 HMW 筆記

你們將藉由「圓點表決」，從 HMW 筆記中選出要優先

處理的事項。這是我們愛用的便捷方法，旨在避免冗長的辯論。圓點表決的運作方式，基本上一如其名：

1　發給每個人兩張大圓點貼紙。
2　發給決策者四張大圓點貼紙，因為決策者的意見比較重要。
3　要求每個人重溫目標和衝刺計畫問題。
4　要求每個人靜靜地投票選出最有用的 HMW 問題。
5　可以把圓點投給自己寫的筆記，或是投兩票給同一張筆記。

表決結束時，有幾張 HMW 筆記將獲得明顯較多的圓點。你們就這樣從牆上的筆記中，選出了要優先處理的事項。

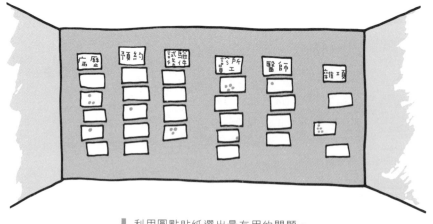

▍利用圓點貼紙選出最有用的問題。

表決結束後，請把票數最多的幾張 HMW 筆記從牆上移除，在示意圖上找合適的地方貼上。多數筆記很可能與示意圖上的某一步有關。以下是 Flatiron 的示意圖：

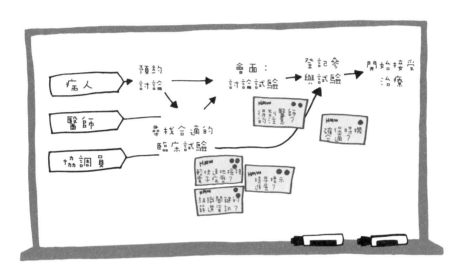

▍ Flatiron Health 的示意圖加 HMW 筆記。

　　這種排序過程並不完美：衝刺計畫團隊沒有什麼時間商議，較早投出的票有時會影響較晚投票的人。但它可以產生相當好的決定，而且因為速度夠快，可以替團隊留下時間做週一這一天最重要的事：在重溫長期目標、衝刺計畫問題、示意圖和 HMW 筆記之後，衝刺計畫團隊將為接下來的幾天選出一個具體的目標。

CHAPTER 7

目標

1948 年，年輕的科學家瑪麗・薩普（Marie Tharp）搬到紐約，在哥倫比亞大學地質系找到了工作。她在這裡接受了一項不同尋常的任務：製作世界上第一份詳細的海床地圖。薩普不辭辛勞，非常精確地利用數以千計的聲納測量資料繪製海床地圖。數據點之間若有空白，她就利用自己的地質和數學知識，推測出空白處的數據。

薩普畫出的地圖帶給她意外發現。原本人們以為孤立的海底山峰，原來是一條很長、相連的火山山脈和深谷。這條山脈在她的海床地圖上顯而易見：一條綿延數千哩、不間斷的粗帶子。

現在使用 Google 地球，就可以輕易看到這條名為中洋

脊（Mid-Ocean Ridge）的海底山脈。在大西洋，中洋脊是一條深藍色線，從格陵蘭以北的海底蛇行經過冰島，一直走到南大西洋上小小的布威島（Bouvet Island）。在這裡，它連上一條有缺口的藍色帶子，往東走向印度洋。洋脊便是這樣一條接一條，穿越一個又一個大洋，環繞整個地球。

薩普是第一個看到中洋脊的人。她假定中洋脊是地球地殼的一條巨大裂縫。在當時，人們普遍認為板塊構造論——認為地球地殼由巨大的板塊構成，它們持續地運動，移動大陸並塑造地貌——是瘋狂的想法。但薩普的海床地圖是難以否定的。到了1960年代末期，人們已經接受板塊構造論為客觀事實了。

———

週一快結束時，你們將迎來一個「薩普時刻」。薩普並不是有意尋找中洋脊，但等她蒐集資料並畫出地圖後，她不可能看不到這條洋脊。你們在訪問專家和組織筆記之後，專案最重要的部分在示意圖上應該顯而易見，幾乎就像海床地圖上的洋脊。

你們週一的最後一個任務，是替衝刺計畫選擇一個目標。誰是最重要的顧客？在該顧客的體驗中，關鍵時刻是什

麼？衝刺計畫餘下部分，將源自這個決定。衝刺計畫週餘下時間，你們將以這個目標為焦點——圍繞著它研擬方案、擬定計畫，並且替關鍵時刻和相關事件建立一個原型。

Savioke 決定以飯店房客（而非飯店員工）為目標，並以機器人遞送物品（而非出現在電梯或大廳）的那一刻為焦點。其他情境也很重要，但最大的風險和機會出現在客房門口。Savioke 團隊也知道，如果遞送物品做得好，他們可以把經驗教訓應用在其他地方。

藍瓶咖啡決定以最棘手的一類顧客為目標，也就是那些不曾聽過藍瓶咖啡店、想購買不曾試過的咖啡豆的顧客。如果他們可以讓這種顧客相信藍瓶的咖啡豆值得購買，他們就能確信藍瓶咖啡的擁護者也會喜歡這間新線上商店。

Flatiron Health 又如何？他們有很多目標可以選擇。例如，他們可以致力幫助病人更好地理解臨床試驗的運作方式，知道自己不會被當作白老鼠。他們也可以致力於簡化病人同意參與試驗後的許多步驟。他們可以在醫師每次與病人見面之前，發訊息提醒醫師考慮安排病人參與臨床試驗。潛在目標還有很多，但決策者艾美必須選定一個。

週一下午，我們逐一訪問來自 Flatiron 團隊的重要專

家。在腫瘤診所有二十五年經驗的護理師多妮根（Janet Donegan）說明了診所員工的工作。軟體工程師佛洛德、DJ、艾利森和查理詳細說明了病歷相關問題。每一次的專家訪問，都讓情況變得清楚一些。

每個人都有機會發表意見，說明他們認為我們應該選擇哪一個關鍵任務。臨床策略副總裁波比·格林認為最好是替醫師開發一種工具。工程師團隊則希望以研究協調員為焦點。兩者都提出了很好的論據。

週一近黃昏時，雪越堆越厚，我們每個人手上都拿著一杯咖啡，聚在一塊白板周圍，上面是我們一再修改過的示意圖，關鍵的 HMW 筆記貼在圖中相關步驟旁邊。在外人看來，白板上可能只是一堆混亂的文字、箭頭和便利貼。但對衝刺計畫團隊來說，它就像吉恩·克蘭茲的阿波羅 13 號太空船飛行示意圖那麼清楚。

現在，終於要選定衝刺計畫的焦點了。艾美必須選出一種目標顧客和示意圖上的一個關鍵時刻。我們幾個來自 GV 的人準備迎接漫長的討論。但當傑克問艾美是否已經準備好時，她點點頭，拿一支筆在白板上畫了兩個圓圈，說：「就是這裡。」

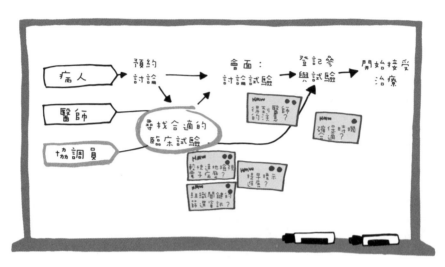

　　艾美說：「目標顧客是研究協調員，目標時刻是他們做搜尋，看新病人是否適合某種臨床試驗的時候。這是漏斗的頂部，我們可以在這裡評估最多的病人。此外，替病人尋找合適的臨床試驗是協調員的首要工作。我們不會像面對醫師那樣，必須設法爭取他們的注意。」

　　房間裡的 Flatiron 團隊成員點點頭，就像覺得艾美的選擇理所當然似的。我們望向波比‧格林。他稍早提出有力的理由，認為應該以醫師為目標顧客，因為醫師比較接近治療決定。一如艾美，波比是腫瘤科醫師，而且有經營癌症診所的多年經驗。他真的懂他所談的事。但這時候，波比已經改

變了立場。他說：「醫師的行為很難改變，而且我們的系統不會一開始就是完美的。如果我們犯錯，研究協調員會比較寬容。」

「這是正確的目標，」艾美說。「如果我們能幫助協調員安排更多合適的臨床試驗，這將是很大的第一步。」

在我們做過的新創公司衝刺計畫中，最錯綜複雜的程序莫過於安排病人參與臨床試驗。但對艾美來說，目標一如中洋脊那麼顯而易見：它在示意圖上明顯到不可能錯過。衝刺計畫團隊成員也認為艾美的決定顯然值得支持。

當然，我們不應該對此感到意外。艾美擔任衝刺計畫的決策者，並非偶然的安排。她有深厚的專業知識，而且目光如炬。衝刺計畫團隊的其他成員又如何？這一天當中，他們接觸到同樣的資訊，看過同樣的筆記，接受了同一幅示意圖。每一個人都有機會表達自己的看法。到週一下午快結束的時候，他們已經清楚知道自己面臨什麼難題，有怎樣的機會和風險。對他們來說，衝刺計畫目標同樣顯而易見。

你們把最重要的 HMW 筆記貼到示意圖上之後，通常不

難決定衝刺計畫的目標。示意圖上有最大機會做一些好事的地方（也可能是失敗風險最高的地方），就是衝刺計畫的目標。

選一個目標

衝刺計畫的決策者必須在示意圖上，選定一個目標顧客和一個目標事件。決策者所選的目標，將成為衝刺計畫餘下活動的焦點：研擬解決方案、製作和測試原型，全都是基於這個決定。

要求決策者決定目標

最輕鬆的情況，是決策者不需要長時間的討論和思量，就能決定目標。畢竟衝刺計畫團隊已經討論和思考了一整天。到週一下午快結束時，多數決策者可以像艾美那樣，輕鬆選定目標。但決策者有時會希望在做決定之前，聽聽別人的意見。如果是這樣，可以快速地做一次「民意調查」，收集衝刺計畫團隊成員的意見。

民意調查（如果決策者需要協助）

要求每一名團隊成員選出自己認為最重要的顧客和事件，然後把自己的選擇寫在一張紙上。所有人都自己做

出選擇之後，以白板筆在示意圖上標示各人的選擇。統計票數之後，討論可能存在的重大意見分歧。這應該已經足以幫助決策者選定目標。決策者此時應該做出最終決定。

選定目標之後，回頭看衝刺計畫問題。我們通常無法藉由一次衝刺計畫回答所有的問題，但至少應該有一個問題與衝刺計畫的目標有關。在 Flatiron 的例子中，目標（研究協調員替病人尋找合適的臨床試驗）與以下衝刺計畫問題有關：「診所會改變它們的工作流程嗎？」我們將找真正的協調員測試一種解決方案，希望藉此找到問題的答案。

長期目標：更多病人參與臨床試驗

衝刺計畫問題：
・我們可以夠快地安排病人接受適當的臨床試驗嗎？
・診所會改變它們的工作流程嗎？

Flatiron Health 的目標與一個「衝刺計畫」問題有關。

週一結束時，你們已經確定了一個長期目標和希望回答的問題。你們也已經畫出一幅示意圖，在圖上圈出了衝刺計畫目標。團隊裡的每一個人都掌握了相同的資訊，每一個人也都明白這一週的目標了。接下來，你們將在週二研擬解決方案。

促進者筆記

1 尋求許可

　　你可能會對管理衝刺計畫團隊這個任務感到緊張。這是很自然的。即使是經驗最豐富的促進者，也可能會緊張。而因為在多數公司，結構化的會議並不常見，衝刺計畫團隊對此可能不習慣。你應該如何開個好頭？

　　前 Google 員工、我們的朋友華倫（Charles Warren）貢獻了一種有用的做法：先尋求團隊的許可。告訴衝刺計畫團隊：你是衝刺計畫流程的促進者，你會替團隊計時，確保團隊順利完成必要的步驟。然後你就說：「這樣可以嗎？」

　　不要期望所有人一起喊「可以！」但因為你一開始就提出這件事，並給予團隊成員反對的機會（他們通常不會反對），所有人都會比較願意接受這種安排。更重要的是，你的感覺也會好一些。

2 持續記錄

　　我們不想嚇你，但如果你是促進者，週一會是你最忙碌的一天。除了帶領衝刺計畫團隊完成所有活動之

外，你將負責一件簡單但重要的事：把重要的觀點記錄在白板上。一如企業家波特（Josh Porter）常講的：「持續記錄。」

週一這天，促進者必須一直拿著白板筆。你將持續基於團隊討論的內容，概括出重點，寫在白板上。你通常可以遵循本書闡述的程序，但我們提出的模式並非適用於所有情況。你可以視情況即興發揮，列出有意思的資訊，或是畫額外的圖表，諸如此類。

在這個過程中，你應該在適當時候問衝刺計畫團隊：「這樣寫對嗎？」「我應該如何記錄？」如果討論開始停滯不前，你可以藉由以下問題促使團隊保持進度：「我們可以如何好好記錄這種想法，然後討論下一個問題？」

記住，白板是衝刺計畫團隊共用的「大腦」。如果你能有條理地組織白板上的資料，你將能幫助所有團隊成員變得更聰明、記住更多東西，以及更快地做出更好的決定。

3 明知故問

促進者必須經常問「為什麼？」，並且問一些所有人都已經知道答案的問題。明知故問可以確保大家沒有

誤解，也往往可以引出並非人人都知道的重要細節。

我們參與新創公司的衝刺計畫時，享有一種不公平的優勢：我們是什麼都不知道的外人，所以問一些笨問題是因為真的不知道答案。你在自己的公司做衝刺計畫、擔任促進者的時候，則必須表現得像個外人。

4 照顧隊員

身為促進者，你不但要主持衝刺計畫活動，還必須讓衝刺計畫團隊保持專注、活力充沛。以下是我們的一些做法：

經常休息

短暫的休息非常重要。我們希望每 60 至 90 分鐘能休息 10 分鐘，因為多數人只能維持這麼久的專注力。休息也是讓團隊成員有機會去吃點零食、倒杯咖啡。團隊成員如果能保持不飢餓、不缺咖啡因的狀態，你的促進者工作會容易得多。

晚一點吃午餐

把午餐排在下午 1 點，藉此避開多數餐廳的尖峰時段。這樣也可以把一天剛好分為兩半：從

上午 10 點工作到下午 1 點,再從下午 2 點工作到下午 5 點,剛好是上午和下午各工作三個小時。

午餐別吃太飽

盡可能全天供應有營養的好零食,中午則應該避免吃太飽。不要吃墨西哥捲餅、披薩、超大份的三明治或吃到飽自助餐。這些食物可能讓衝刺計畫團隊下午嚴重損失活力,我們曾經因此得到慘痛的教訓。

5 果斷決定,保持進度

衝刺計畫週期間,團隊必須做許多或大或小的決定。最大的一些決定,本書會告訴你決策程序(例如週一選擇目標的決定,以及週三縮窄潛在方案範圍的決定)。但你們必須自行處理一些相對次要的決定。

緩慢的決策過程會損耗團隊的精力,而且可能導致衝刺計畫無法及時完成。不要讓團隊陷入無謂的辯論,妨礙做出決定。如果決定做得太慢或太含糊,促進者有責任要求決策者當機立斷,好讓團隊能繼續前進。

星期二
Tuesday

衝刺計畫團隊在週一界定了難題,並選擇了目標。週二你們將提出解決方案。這一天你們將先尋找靈感,也就是檢視一些既有的概念,想想可以如何重新組合並加以改良。然後在下午,每一個人將遵循一個強調批判思考而非藝術技巧的四步驟程序,畫出方案草圖。衝刺計畫週稍後,最好的一些草圖將成為方案原型和測試計畫的基礎。週一晚上你們應該好好休息,早上起來吃個均衡的早餐,因為週二這一天非常重要。

CHAPTER 8
重新組合，加以改良

　　想像自己身處 20 世紀初，正在喝一杯美好的熱咖啡。啊，其實不是那麼美好。咖啡渣黏在你的牙齒上，而咖啡苦到讓你皺眉頭。如果不是為了補充咖啡因，你很可能不會想喝。當年泡咖啡像泡茶那樣：把一小袋研磨過的咖啡豆丟進滾水裡。過程中有很多出錯的可能：可能泡太久，也可能泡得不夠久，而且杯底會留下很多咖啡渣。有些人用濾布過濾咖啡，但這種濾布太通透，而且很難清洗。

　　1908 年，德國婦女梅莉塔・班姿（Melitta Bentz）受夠了含渣的苦咖啡。她確信泡咖啡有更好的方法，於是著手研究。她偶然在兒子的筆記本中看到用來處理過剩墨水的吸墨紙：這種紙相當厚，能吸水，而且用完即可丟棄。

受此啟發，班姿撕出一張吸墨紙，找來一個銅壺，用釘子釘出好幾個洞，把銅壺放在一個杯子上，置入吸墨紙，放入研磨過的咖啡豆，然後加熱水。這樣沖出來的咖啡順滑無渣，而且事後清理非常方便。班姿發明了咖啡濾紙裝置。逾百年之後，這種裝置仍然是沖咖啡最流行（和最好）的工具之一。

我們都希望靈機一動，得到改變世界的靈感，並且因此在團隊中大大露臉。我們希望創造出一些全新的東西。但神奇的構想不是這樣產生的。班姿的故事告訴我們，偉大的創新是以既有的事物為基礎，根據某種願景加以改造。在班姿發明咖啡濾紙之前，已經有人用布來過濾咖啡了。吸墨紙早就存在了，只是沒有人想到用它來過濾咖啡而已。

重新組合既有事物完全無損於班姿的成就，而且這對有志於創新發明者來說是令人鼓舞的。你們做衝刺計畫時將以班姿為榜樣：重新組合並加以改良，但永遠不要盲目抄襲。

週二早上，你們將尋找一些既有的構想，作為下午研擬解決方案的靈感來源。這就像玩樂高積木：先蒐集有用的元件，然後拼裝出獨創的新事物。

我們蒐集和綜合既有構想的方法，是我們稱為「閃電型示範」（Lightning Demos）的一項作業。衝刺計畫團隊成員將輪流用 3 分鐘時間，介紹他們看到的出色的解決方案；這些方案可能源自其他產品、其他領域，或是自己的公司。這項作業是為了尋找「材料」，而非抄襲競爭對手。我們的經驗顯示，檢視同一產業的產品，通常幫助不大。我們一再發現，促成最佳方案的構想，往往來自不同環境下的類似問題。

藍瓶咖啡希望幫助顧客找到他們喜歡的咖啡豆，但咖啡豆看起來都很像，因此提供照片幫助不大。為了找到有用的解決方案，衝刺計畫團隊藉由閃電型示範介紹一些網站，它們銷售從服飾到葡萄酒等各種商品，從中尋找描述感官細節（如滋味、氣味和質地）的有用方法。

結果最有用的觀念，來自某公司的巧克力棒包裝紙。Tcho 是加州柏克萊的一家巧克力廠商。每一條 Tcho 巧克力棒的包裝紙上都印有一個簡單的「風味輪」（flavor wheel），上面只有六個字：Bright、Fruity、Floral、Earthy、Nutty 和 Chocolatey（譯註：Tcho 公司對這些字有具體的定義，不宜照字面直譯）。藍瓶團隊看著這個風味輪，得到了啟發。我們畫方案草圖時，有人借用這個概念，創造了一組用來描述藍瓶咖啡豆的簡單風味詞彙：

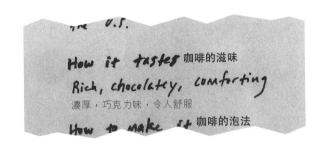

週五的測試和後來新線上商店的實際運作顯示，顧客喜歡這種簡單的描述方式。這是在其他領域尋找靈感的一個好例子（也提供了對巧克力心懷感激的又一個理由）。

在自己的組織中尋找靈感，有時候是擴大範圍、搜尋方案的最好方法。出色的方案經常出現在錯誤的時間點，而衝刺計畫是把它們重新發掘出來的絕佳機會。研擬中、不完整的構想不要錯過，甚至已經放棄的舊點子也可以考慮。在Savioke 的衝刺計畫中，一款機器人眼睛的初步設計，最後成為構成 Relay 機器人個性的核心部分。

Savioke 希望人們不要期望 Relay 可以像科幻電影中的機器人那樣，能夠與人交談和獨立思考。公司執行長史蒂夫和設計總監阿德里安確信他們利用一對眼睛，就能傳達正確的感覺。因此，在 Savioke 衝刺計畫的週二早上，我們花

了一個小時研究機器人的眼睛。我們檢視電影中的機器人眼睛，也看卡通角色的眼睛。有一款設計很突出：日本動畫《龍貓》中的卡通動物，其溫和、遲緩的凝視傳達出一種平和的感覺。

但最後贏得我們歡心的設計，其實早就存在了。阿德里安向我們展示他遠在衝刺計畫之前就已經做好的多種眼睛設計。其中一款設計就像《龍貓》中的角色那樣，給人平和的感覺，而且它簡潔的視覺風格完全符合 Relay 機器人的美學標準。在週五的測試中，這款會眨動的簡單眼睛設計給人友善的感覺，但又不會讓人覺得可以和機器人交談。

一如 Savioke，你和你的團隊尋找既有方案時，遠近都要注意。如果你能這麼做，一定可以發現意想不到和有用的構想。

閃電型示範

閃電型示範不必遵循嚴格的規則。以下是基本運作方式。

列出清單

要求團隊中每一個人想想哪些產品或服務或許可以提供有用的靈感，然後列出一份清單。（當場列出清單比想像中容易，但你也可以把這項任務當作週一晚上的功課交給團隊成員。）提醒隊員考慮其他產業或領域，同時不要錯過公司內部的靈感。在 Flatiron 的衝刺計畫中，團隊成員檢視醫學領域的產品，例如安排臨床試驗的網站，以及分析 DNA 的軟體。但他們也考慮其他領域的類似問題。他們檢視過濾電子郵件的工具、整理待辦事項的應用程式、整理專案和期限的管理軟體，甚至是航空公司讓旅客設定航班資訊通知的方法。最後，他們也檢視公司工程師所做的、未完成的試驗。

你們檢視的東西，必須含有一些可以借鑑的優點。檢視一無是處的產品，是沒有用的。思考幾分鐘之後，每個人都應該找到自己認為最值得檢視的一至兩種產品。把綜合起來的產品清單寫在白板上。是時候開始示範了。

3 分鐘的示範

團隊成員逐一介紹自己推薦的產品，向所有人說明該產品有什麼厲害之處。使用計時器是有用的：每一次介紹應該控制在 3 分鐘左右。（回答你可能在想的問題：介紹產品時，

可以使用筆記型電腦、手機或其他電子裝置。我們喜歡把它
們接到大螢幕上，好讓所有人都能輕鬆觀看。）

在白板上寫下重點，
並畫簡單的示意圖

示範產品，
讓所有人都
能看見

顯而易見的計時器
（每次示範3分鐘）

記錄重點

　　3分鐘的示範很快就過去了，而你不會希望仰賴短期記
憶來記住所有的好主意。記住我們的「持續記錄」箴言，在
示範過程中於白板上記下重點。你可以先問做示範的人：「這
裡可能有用的大概念是什麼？」然後快速畫出這個概念的示
意圖，在上方寫一個簡單的標題，並在下方記下資料來源。

　　例如在 Flatiron 的衝刺計畫中，有人認為我們可能會想
在臨床試驗配對工具中加入評論功能，因此希望了解 Google
試算表的評論功能如何運作。我們很快示範了 Google 試算
表，寫下大概念（「嵌入式評論」），然後快速畫出簡單的
示意圖：

我們看到的：

我們所畫的：

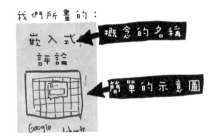

概念的名稱

嵌入式
評論

簡單的示意圖

Google Sheets

　　這些筆記只是用來在這一天稍後喚起記憶，因此不必做得太別緻或精細。閃電型示範結束時，我們的白板上通常記滿了概念，例如 Flatiron 那一次便得出這樣的結果：

Flatiron找到很多有意思的概念，但最終放棄了大部分。你在白板上記錄概念時，不必決定哪些可以丟棄，哪些值得重新組合並加以改良。你們可以在稍後畫方案草圖時再想這個問題——這樣運用精力，效率高得多。暫時別做決定，也不要爭論。你們只需要把可能有用的概念都記錄下來。

閃電型示範結束時，你們的白板上應該記錄了 10 到 20 個概念。這應該足以記下每一個人的最佳靈感——但資訊內容又不會多到你們開始畫方案草圖時，根本無法參考利用。一如 Flatiron 所記錄的概念，其中多數完全派不上用場，但有一、兩個可能啟發團隊成員想出極好的方案。如果你們夠努力地尋找靈感，通常可以找到你們的吸墨紙。

───

你們剛記錄下來的概念，加上週一的示意圖、衝刺計畫問題和 HMW 筆記，就是研擬解決方案的豐富原料。週二下午，你們將把這些原料轉化為解決方案。但你必須先快速地做一個決定——衝刺計畫團隊應該分工處理問題的不同部分，還是全體集中處理某一點？

藍瓶咖啡有一個明確的衝刺計畫目標：幫助顧客選擇咖啡豆。但是，這件事涉及線上商店的幾個部分：網站首頁、

咖啡豆清單，以及購物車。如果毫無規劃，衝刺計畫團隊所有成員可能都去畫網站首頁的草圖，結果沒有足夠的構想做出完整的網站原型。他們因此分工：每個人選擇一個點，然後一起檢視示意圖上的分工情況。

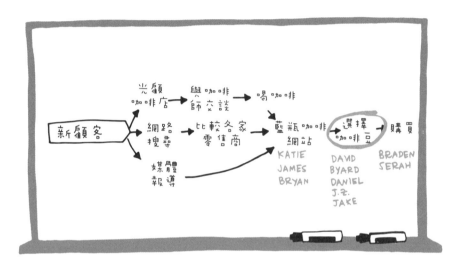

如你所見，分工並不平均，但每一個部分都有人負責，因此可以確定每個重要部分至少可以有一、兩個方案提出來。

需要分工嗎？

你們是否應該把問題分割為幾個部分？好好看一下你們

的示意圖，然後在團隊中快速討論一下。如果你們選擇的是一個非常集中的目標，則或許可以不用分工，整個團隊共同致力研究問題的同一部分即可。如果問題有幾個關鍵部分必須顧及，則你們應該分工合作。

如果你們決定分工，最方便的做法，是要求每一個人寫下自己對哪一部分最有興趣。然後由促進者收集答案，把團隊成員的名字寫在示意圖上他們想處理的那一部分旁邊。如果某一部分有太多人選擇，另一些部分則乏人問津，則促進者可問是否有人自願更換任務。

一旦每個人都知道自己的任務，你們也該吃午飯了。週二下午會耗費不少精力，因為在做了這麼多準備之後，你們終於有機會畫一些方案草圖啦。

等等，真的要「畫」東西嗎？

CHAPTER 9
畫出方案草圖

藍瓶咖啡的顧客服務總監席拉·傑魯索顯得心神不寧。不是只有她這樣：執行長詹姆斯·費里曼也皺著眉頭。

這是藍瓶衝刺計畫的週二下午。陽光在會議室地毯上照出一個個長方形。街上傳來一輛汽車按喇叭的聲音。衝刺計畫室中間的咖啡桌上，擺著一些讓衝刺計畫團隊驚慌的東西：一疊紙、十多個夾紙板，以及一個裝滿黑色筆的紙杯。

有人清了一下喉嚨。那是藍瓶咖啡的企業溝通經理彼亞·鄧肯（Byard Duncan）。所有人都看著他。他露出羞怯的笑容，說：「那麼，如果我不會畫圖，該怎麼辦？」

週二下午是提出解決方案的時候。但你們不會做腦力激

盪，不會大聲熱烈辯論，也不必暫不論斷，好讓古怪的概念可以有所發展。你們要各自努力，從容不迫地畫出方案草圖。

雖然我們是徹頭徹尾的「科技宅」，但我們認為方案草圖從紙上開始畫起，是非常重要的。這是為所有人提供平等條件的好方法。每個人都能寫字和畫框框，以同樣的清晰度表達自己的構想。如果你不會畫圖（又或者你以為自己不會畫圖），別驚慌。很多人也擔心自己不能拿筆在紙上畫圖，但其實所有人──絕對是所有人──都有能力畫出很好的方案示意圖。

為了說明我們的論點，我們來看藍瓶咖啡的衝刺計畫產生的一份方案草圖。該方案名為「讀心者」（The Mind Reader），每一張便利貼代表藍瓶網站上的一頁。

「讀心者」背後的大概念，是根據咖啡師與顧客的交談方式來組織線上商店。如你所見，這個方案先以網頁歡迎顧客光臨，然後問顧客在家怎麼泡咖啡，接著提供商品建議和咖啡泡法指引。這個構想涉及許多複雜之處，但其示意圖相當簡單：基本上就是一些框框和文字，所有人都畫得出來。

衝刺計畫週稍後，藍瓶團隊根據「讀心者」方案，做出一個逼真的網站原型，其中一些細節來自其他方案草圖。這

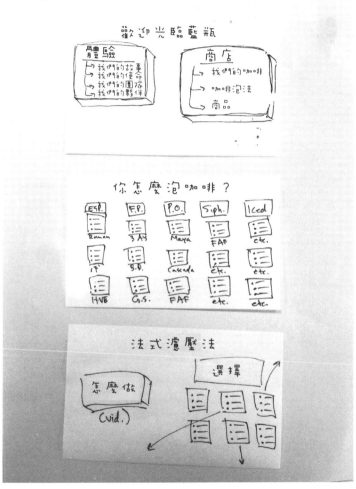

藍瓶咖啡衝刺計畫產生的一個方案。每一張便利貼代表一個網頁。

個網站原型如下：

「歡迎光臨」　　　「你怎麼泡咖啡？」　　　　建議

　　週五這天，原型測試顯示，讀心者網站對真實的顧客非常有效。顧客在瀏覽網頁的過程中，對咖啡豆的品質變得有信心。他們能找到自己想訂購的咖啡豆。他們說，這個網站原型「遠優於」競爭對手，並提到「這些人顯然懂咖啡」。讀心者成為週五測試的大贏家，最後構成藍瓶新網站的基礎。

　　那麼，這個方案的草圖是誰畫的呢？不是設計師、建築師或插畫家，而是彼亞‧鄧肯，也就是那個說自己不會畫圖的人。

　　所以，週二下午是要畫圖，但更重要的是研擬解決方案。衝刺計畫團隊週三評價這些方案草圖（從中選出最佳方案）、

以及週五測試方案原型時，重要的是方案的素質，而不是示意圖畫得有多漂亮。

畫圖的力量

想像以下情境：你想到一個很好的點子。這是你幾個星期以來的思考成果。你到公司之後，向你的隊友描述你的構想，然後……他們除了盯著你，沒有其他反應。或許是你解釋得不好。或許是時機不對。無論如何，他們就是無法具體理解你的構想。真令人沮喪，對吧？情況還可能更糟。

再想像以下情境：你們的老闆提出另一個構想。這是他忽然想到的，而你馬上就知道這不是深思熟慮的結果，絕對不可行。但你的隊友竟然全部點頭稱是！或許是因為老闆的點子很含糊，所以每個人都用自己的方式去理解。又或者因為他是老闆，所以大家都支持他。無論如何，大局已定。

現在回到現實中來。以上是虛構的情節，但人們就抽象的構想做決定時，確實會發生這種事。因為抽象的構想缺乏具體的細節，人們很容易低估或高估了它們的價值（例如你的構想就被低估了，你老闆的點子則被高估了）。

我們要求衝刺計畫團隊在週二畫方案草圖，不是因為我們覺得這很有趣，而是因為我們確信，這是把抽象概念轉化為具體方案最快、最容易的方法。你的構想一旦變得具體，其他團隊成員就能公平地評斷它——而且你也不必賣力推銷。此外，最重要的可能是：藉由畫方案草圖，每個人可以在獨自努力時，想出具體的點子。

一起獨自努力

我們知道，相對於大聲討論的群體腦力激盪，個人獨自努力可以產生更好的解決方案。*獨自努力讓人有時間去做研究、尋找靈感，以及思考問題。此外，獨自努力產生的責任壓力，往往促使我們發揮潛能，交出最好的成果。

但是，獨自努力並不容易。個人不但必須解決問題，還得發明一種策略來解決問題。如果你曾經坐下來為某個大專案而努力，結果卻把時間用來逛網路，你就知道這有多難了。

---

* 本書作者傑克是在付出重大代價後，才了解群體腦力激盪的問題，但其實許多研究者也得出同一結論。1958 年耶魯大學的研究就是一個例子。研究者安排一些個人與做腦力激盪的群體比賽解決同一個問題，結果個人表現明顯較佳：他們提出更多解決方案，而且在獨立的評比中，個人提出的方案獲評為品質較高，又更具獨創性。群體腦力激盪慘敗！但是……逾半個世紀之後，許多團隊還是在做群體腦力激盪。或許這是因為「腦力激盪」一詞很迷人吧。

在衝刺計畫中，我們會要求團隊成員獨自努力畫方案草圖，但也會遵循特定的步驟，藉此幫助每一個人集中精神、取得進展。各人獨自畫圖時，將有時間深思。整個團隊都這麼做時，將能產生相互競爭的構想，而且不會有腦力激盪的團體盲思問題。這種做法，或許可以稱為「一起獨自努力」（work alone together）。

　　你們週二創造的方案草圖，將成為餘下衝刺計畫活動的「燃料」。週三，你們要評論各人的草圖，從中選出最好的。週四，你們將把最好的草圖做成方案原型。週五，你們要做方案原型的顧客測試。幾個草圖就能產生很大的作用，這可能讓你以為方案草圖必須像達文西筆記本中的那種天才之作。錯了。為了清楚說明畫圖的力量，我們來看藍瓶衝刺計畫產生的另一些方案草圖：

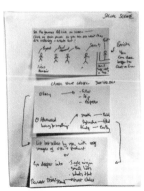

▌藍瓶咖啡衝刺計畫產生的三份方案草圖。

如你所見，這些草圖頗精細，但也沒有什麼藝術美可言。每一份草圖都是由文字和框框構成，也可能有火柴人，用一般的筆畫在一般的列印紙和便利貼上。

很簡單，對吧？那麼……你們都已經準備好了，那就動手畫出優秀的方案吧！

跟你開個玩笑而已。白紙一張總是讓我們覺得可怕。因此，受生產力專家大衛‧艾倫（David Allen）啟發，我們把畫圖這個過程分成幾個步驟。在他的著作《搞定！2分鐘輕鬆管理工作與生活》（*Getting Things Done*）中，艾倫提供了一種完成艱鉅任務的明智策略。艾倫指出，秘訣在於別把任務想成單一整體（例如「報稅」），而是找出取得進展所需要的第一項小行動（例如「蒐集報稅相關文件」），然後開始做。

四步驟畫圖法

傑克開始主持衝刺計畫時，試著複製他自己最有效的工作模式。他效能最高的工作方式是這樣的：花一些時間重溫關鍵資料，藉此「暖機」；在紙上開始設計方案，考慮方案的多個變體，然後花時間擬出一個具體的方案。此外，因為

傑克的拖延功夫世界一流，他面臨緊迫的期限時，工作效能最高。

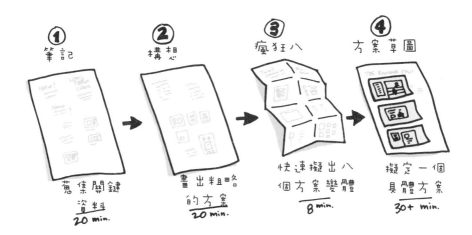

① 筆記
蒐集關鍵資料
20 min.

② 構想
畫出粗略的方案
20 min.

③ 瘋狂八
快速擬出八個方案變體
8 min.

④ 方案草圖
擬定一個具體方案
30+ min.

　　四步驟畫圖法包含上述的全部重要元素。你先花 20 分鐘「暖機」，針對衝刺計畫的目標、機會和你在衝刺計畫室裡蒐集的靈感，做一些筆記。然後再花 20 分鐘，寫下粗略的構想。接著是藉由名為「瘋狂八」（Crazy 8s）的快速畫圖作業，探索多種構想，為擬定方案做準備。最後，花 30 分鐘或更多時間，畫出你的方案草圖──具備所有細節、設想周到的一個方案。

第1步:筆記

　　第一步非常簡單。你和其他團隊成員將在衝刺計畫室中遊走,並做一些筆記。這些筆記是過去24小時衝刺計畫活動的「精華摘要」。這項作業的目的,是在你決定採用某個方案之前,喚起你的相關記憶。

　　首先,把長期目標抄下來。然後瀏覽示意圖、HMW(「我們可以如何」)筆記,以及閃電型示範產生的筆記。把看起來有用的東西記下來。在這個階段,別去想提出新構想的事。筆記也不必是工整的:這只是給你自己看的。

　　給團隊成員20分鐘做筆記。在這段期間,你們可以自由地使用筆記型電腦或手機尋找參考資料。有時候團隊成員

會想再看一次他們在早上的閃電型示範中看到的某些東西，或者在公司的產品或網站上找一些具體資料。無論出於什麼目的，這段時間是禁用電子裝置的罕見例外情況。此外，別忘記重新檢視一些舊點子。記住，最強的方案往往源自一些舊的構想。

做完筆記後，關掉筆記型電腦和手機。再花 3 分鐘檢視自己的筆記。圈出重點筆記。這對你的下一步會有幫助。

第 2 步：構想

現在所有人手上都有一疊筆記，是時候開始構想這一步了。在這一步中，每個人都將記下一些粗略的構想，在紙上塗鴉、畫草圖（可能包括一些在做某些事的火柴人），以及寫上一些標題作為例子——也就是可以賦予當事人構想某種形式的任何東西。

這些構想混亂或不完整也沒關係。一如之前的筆記，你的構想塗鴉只是給自己看的。它們只是一種草稿，怎麼畫怎麼寫都不算錯。只要每個人都在思考並在紙上寫寫畫畫，你們就是走在正軌上。

你的構想可能像這樣，也可能不是。只要你有在寫寫畫畫，你就是走在正軌上。

花 20 分鐘來產生構想。結束時，再花 3 分鐘檢視草稿，並圈出自己喜歡的構想。在下一步，你將基於這些有希望的要素，加以發揮。

第 3 步：瘋狂八

「瘋狂八」是節奏很快的一項作業。每一個人根據自己最強的構想，在 8 分鐘內快速畫出解決方案的八個變體。瘋

狂八迫使你超越自己最初的合理方案，致力改良，或至少考慮替代方案。

　　為了避免誤會，先說明一件事：瘋狂八的「瘋狂」是指這項作業的節奏，而非構想的性質。傳統的腦力激盪鼓勵參與者提出笨想法，但我們希望你們集中注意好點子（也就是你們認為可行、並且有助於達成目標的構想），然後藉由瘋狂八調整這些主意，並加以發揮。

　　做瘋狂八時，每個人拿一張信紙大小的紙，對折三次，得出八格。找一個計時器，設定倒數 60 秒。按「開始」，然後開始畫方案草圖；8 分鐘內要畫出八個簡略的草圖。要快，而且不用怕亂：一如之前的筆記和構想草稿，瘋狂八的草圖不會給其他團隊成員看的。

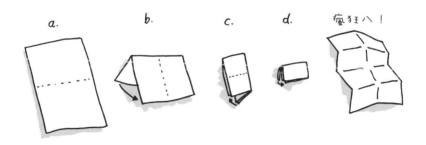

　　效果最好的做法，是根據同一個構想，畫出多個方案變

體。在你的構想中找一個你最喜歡的，然後問自己：「這個構想要付諸實踐，還有什麼好方法？」持續這麼做，直到你想不出更多的方案變體。然後回到構想草稿上，選擇一個新構想，重複同樣的作業。

　　瘋狂八也是很好的寫作練習。如果你的構想包括字詞、行銷口號或其他文字，你可以藉由瘋狂八來改善措辭。如你將在下一步看到的，文字往往是方案草圖最重要的一部分。

▍ 藍瓶咖啡衝刺計畫產生的一張瘋狂八工作紙。我們可以從中看到措辭
　（手沖咖啡可以考慮用「hand pour coffee」或「pour over coffee」）、
　導覽和版面設計上的實驗。

有時候，瘋狂八可以帶來重要的啟示。你或許可以因為這項作業，得到理解自身構想的幾種新方式。但有時候，它可能不是很有用——你草擬的第一個方案，可能真的就是最好的。無論如何，瘋狂八能幫助你考慮替代方案，而且是重頭戲之前的極佳暖身作業。

▌ GV 團隊與新創公司 Move Loot 的創辦人一起畫方案草圖。

第 4 步：畫出方案草圖

我們之前一再說：「別擔心，沒有人會看你的東西。」這句話到了第四步，就不再適用囉。在這一步，你將具體畫出你的方案草圖，反映你的最佳構想。每一份草圖，都是一

個如何解決眼前難題的假說，反映繪圖者最有把握的想法。其他團隊成員將檢視你的草圖，並加以評斷！方案草圖必須是深思熟慮之後的具體結果，而且必須是容易理解的。

方案草圖應該像分鏡腳本，以三張便利貼畫出顧客和你的產品或服務互動時，會看到什麼。我們喜歡這種分鏡腳本的形式，因為產品和服務像電影多過像快照。顧客不會只出現在一個定格中，然後就消失無蹤。顧客會連續出現在你的方案裡，就像一場戲中的角色那樣。你的方案必須與顧客同步前進。

我們通常會畫三格式草圖（代表顧客與產品互動過程中的三個時刻），但也有例外情況。有時衝刺計畫會集中探討顧客體驗中相當狹窄的某一部分，例如網站首頁、醫療報告的首頁、辦公大廳，或一本書的封面。如果你處理的是「單一場面」難題，你可能會想畫一整頁的方案草圖，以便可以呈現更多細節。

無論採用什麼形式，都必須緊記幾條重要規則：

1 做到不言自明

週三早上，你將把方案草圖貼到牆上給所有人看。它必須是不言自明的。你的構想必須通過這一關：如果沒人

看得懂你的方案草圖，那麼你再怎麼修改，你的構想也很可能不會變得比較好。

2 匿名發表

不要在草圖上署名，而且務必安排所有人使用同樣的紙和筆。週三評價各人的草圖時，這種匿名安排對你們自由評論草圖和選擇最佳方案會大有幫助。

3 別怕畫得醜

方案草圖不必畫得很別緻：畫一些框框、火柴人，再加上一些文字說明，通常就很夠了。但是，草圖必須是具體、設想周到和完整的。盡可能畫得整潔，如果畫得醜醜的，也不必擔心。不過嘛……

4 文字很重要

我們在各行各業的新創公司都做過衝刺計畫。有一件不變的事令我們頗感意外 —— 文字總是很重要。軟體和行銷工作特別需要強大的寫作能力，但無論使用什麼媒介，選擇正確的用詞都非常重要。因此，你應該特別注意方案草圖中的文字。不要使用無意義的文字來填版面，也不要畫一些波浪線來代表「這裡有文字」。草圖中的文字對說明你的構想大有幫助。因此，你應該好好寫，並創造出逼真的效果！

5 取個吸引人的名字

因為你不會在草圖上寫上你的名字，請給草圖本身一個名字吧。這些名字將方便你們評論各個方案，並從中選出最好的。你也可以藉由草圖的名字，吸引人注意方案背後的大概念。（彼亞·鄧肯替它的方案取名「讀心者」，一來是因為覺得有趣，二來是想突顯替顧客找到最合適的咖啡豆這個概念。）

好，請準備好用紙。參考你的筆記、構想草稿和瘋狂八工作紙。然後拿出筆來，繫好安全帶，豎直椅背，固定桌子。你要開始畫你的方案草圖了。

「亨利・福特」

搜尋「手沖咖啡」會連到這裡……

按「Next」到下一步……用捲軸也行。

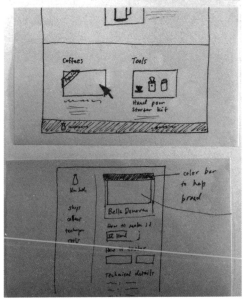

照片必須清晰和優質，但不要太時髦——我們希望給人可親的感覺！

不一定要用咖啡豆袋或包裝的照片。

藍瓶咖啡衝刺計畫產生的一份方案草圖。若想了解這個方案如何運作，請從上至下閱讀文字說明，就像看漫畫那樣：在上面那格，顧客閱讀一份泡咖啡的指引；在中間那格，顧客點一個連結，連向網站建議的咖啡豆；在底下那格，顧客找到咖啡豆的具體資料。

亨利‧福特，個性化具體版本

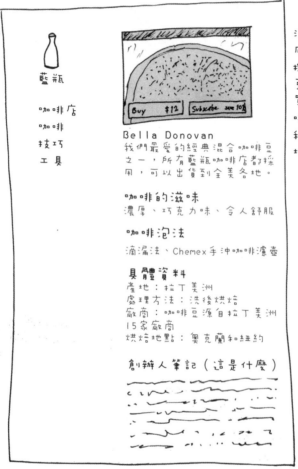

藍瓶

咖啡店
咖啡
技巧
工具

Bella Donovan
我們最愛的經典混合咖啡豆
之一，所有藍瓶咖啡店都採
用，可以出貨到全美各地。

咖啡的滋味
濃厚、巧克力味、令人舒服

咖啡泡法
滴漏法、Chemex 手沖咖啡濾壺

具體資料
產地：拉丁美洲
處理方法：洗後烘焙
廠商：咖啡豆源自拉丁美洲
15家廠商
烘焙地點：奧克蘭和紐約

創辦人筆記（這是什麼）

混合咖啡豆
用一張烘焙
機裡的咖啡
豆照片；
單一來源咖
啡豆用一張
種植場／產
地的照片。

▌藍瓶咖啡衝刺計畫同一方案草圖的單頁版本。這個版本捨棄分鏡腳本模
　式，以一整頁具體呈現線上商店的某個頁面。

每個人負責畫一份方案草圖。如果有人靈感充沛，希望貢獻超過一份草圖，這也是可以的，但要避免做得太過分。每多一份草圖，你們週三篩選草圖的負擔就更重一些。而且我們也注意到，第一批的方案草圖往往是最好的：累積了 10 至 12 份草圖之後，新提交的草圖可以產生的貢獻通常愈來愈少。30 分鐘應該就已足夠完成一份草圖。

　　大家都畫完草圖之後，把它們疊起來。忍住衝動，別看它們。你們應該等到週三，才第一次去看別人畫的草圖。

找人參加週五的測試

週一或週二就應該開始為週五的測試找人。也就是說，必須有一個人在衝刺計畫的活動之外，負責一些額外的工作。過濾、甄選和招募最合適的測試人選，歷時一整個星期，但每天只需要投入一至兩個小時。最好是由促進者以外的人負責這項工作，因為促進者已經夠忙了。

尋找合適的測試人選有兩種方法。如果你想找的人不算難找，你可以利用分類廣告網站 Craigslist。如果你想找的人相當難找，那就得利用你自己的人脈網絡了。

透過 Craigslist 找人

衝刺計畫團隊知道自己想找怎樣的目標顧客。我們通常藉由 Craigslist，招募完全符合目標顧客條件的人。你可能覺得這個方法很古怪，但它確實可行。我們在 Savioke、藍瓶咖啡和數十家其他公司的衝刺

計畫中，正是靠這方法，找到理想的測試人選。透過 Craigslist 找人的秘訣，是貼出可以吸引廣大受眾的通用型廣告，然後利用問卷來篩選有意參加的人。

　　首先，你要先寫出通用型廣告。你得確保廣告不會揭露你們要測試什麼，以及在尋找哪一類型的人。我們會提供小額報酬（通常是價值 100 美元的禮券）來吸引人們參加。在 Craigslist 上的「其他工作」類別貼出類似這樣的廣告：

　　8 月 2 日的顧客調查訪問，酬勞 100 美元（舊金山）
　　我想找人在 8 月 2 日週五參加為時 60 分鐘的顧客調查訪問。獲選參加並完成訪問者，將獲得價值 100 美元的 Amazon 禮券。請完成這份簡短的問卷。
　　<u>點這裡。</u>

　　如你所見，這則廣告是萬用的——無論你要測試的是咖啡、飯店機器人或辦公室機器人，都可以使用它。在一個大城市貼出一則通用型廣告，往往可以吸引數百名申請人。因此，藉由適當的篩選問卷，你就可以為週

五的測試找到五個合適的人。

撰寫篩選問卷

篩選問卷是給有意參加測試者填寫的一份簡單問卷。你必須問對問題，才能找到合適的人。先寫下你希望測試的顧客的特徵，然後把這些特徵轉化為適當的問卷內容。針對你希望排除的特徵（例如你可能不想找公司所屬產業的專家），做相同的事。

藍瓶咖啡希望訪問「喝咖啡的美食愛好者」。為了找到這種顧客，我們利用一些可測量的條件來選人：至少每天喝一杯咖啡，有閱讀飲食部落格和雜誌的習慣，以及至少每週上一次館子。我們排除那些不在家泡咖啡或很少喝咖啡的人。

接下來是針對每一項條件撰寫問卷問題。有一點很重要：問題不能洩露「正確的」答案——有些人因為想拿到禮券，不惜說謊也要「答對」問題。例如你不要問人們是否上館子，而是問：「你通常一週外出用餐幾次？」不要問人是否閱讀飲食部落格，而是問：你是否經常閱讀和以下某個主題有關的部落格或雜誌？

□ 運動

□ 飲食

□ 時事

□ 咖啡

□ 雞尾酒

□ 親子關係

□ 園藝

□ 汽車

在這些例子中，我們都有心目中的「正確」答案，但填問卷的人無法猜到哪一個才是正確答案。

將篩選條件轉化為問題之後，就可以把問卷做出來了。我們總是用「Google 表單」這個工具——它很容易設定，而且申請者所填的答案，會直接匯入 Google 試算表中，方便整理和過濾。

篩選問卷做好，而且廣告在 Craigslist 上刊出之後，你就會開始得到回應。檢視問卷調查的結果，從中選出符合條件的顧客。到了週三下午，你可以開始接觸

符合條件的人，安排週五的訪問。

　　如果你要找的是不熟悉你公司的顧客，Craigslist
有效得出人意表。如果你要找的是公司的既有顧客，或
從事罕見工作的專業人士，你需要的是另一種策略。

利用你的人脈網絡找人

　　要找既有顧客通常相當容易。你很可能已經有辦法
接觸他們，例如藉由電子報、店內的海報、推特、臉書，
或甚至是公司本身的網站。

　　所謂難找的顧客，實際上往往也不是那麼難找。原
因如下：如果你們是一家治療腫瘤的公司，你們很可能
認識一些腫瘤科醫師。如果你們從事金融業，你們很可
能認識一些同業。公司的銷售或業務發展團隊，可以幫
助你們聯繫想找的人。如果此路不通，你們可以接觸職
業公會、社區團體、學生組織，又或者利用個人的人脈
網絡。2011 年，我們為了某個衝刺計畫訪問餐廳經理，
當時就找了一家在地的餐飲業協會的會員主管提供協
助。

無論你們是要找難找的顧客或既有顧客，又或者是在 Craigslist 上找人，有一點是不應該改變的：潛在的受訪者必須符合你們的篩選條件。因為只找五個人訪問，找對人非常重要。

　　整個衝刺計畫的成敗，取決於週五的測試結果。因此，無論是誰負責招募受訪的顧客，都應該認真做好這項工作。儘管招募受訪者是在幕後進行，但這件事一如衝刺計畫的團隊活動那麼重要。篩選問卷的樣本，以及其他線上資源，可以在 thesprintbook.com 找到。

星期三
Wednesday

到了週三早上，衝刺計畫團隊會有一疊解決方案。這很好，但也是一個問題。你們無法替全部的方案做原型，然後一一測試。你們需要一個可靠的計畫。週三早上，你們要評論每一個方案，然後決定哪些方案最有機會達成你們的長期目標。下午，你們將把方案草圖中的最佳場景編排成一個分鏡腳本，也就是方案原型的逐步說明。

CHAPTER 10

決定

　　你一定知道這種會議：總是非常冗長，不時有人離題，費時之餘，也讓人十分疲累。你也一定知道，有些會議會做出沒有人喜歡的決定，有時甚至更糟——根本無法做出任何決定。我們不是人類學家，但我們觀察過辦公室環境下的大量人類行為（而且也參與其中）。在不受約束的情況下，人類往往以這種方式辯論：

　　好吧，這是有點誇張，但也不算太誇張。你對這種來來回回可能不陌生。有人提出一個方案，有人批評它，有人試

著解釋細節，然後另外有人提出新方案：

　　這種討論令人沮喪，因為人類的短期記憶和做決定的精力都相當有限。我們從一個選項跳到另一個選項時，很難記住所有的重要細節。另一方面，如果一個方案討論太久，我們會疲憊不已——就像烘焙比賽的評審在試吃任何東西之前，肚子已經被蘋果派填滿了。

　　在一般情況下，如果我們希望得益於每一個人的觀點，就必須忍受這些折磨。但衝刺計畫不屬於這種一般情況。我們週三的安排，是一次做一件事，而且要做好。我們將一次評估全部方案，一次評論全部方案，然後一次做出決定。情況大概是這樣：

你們週三早上的目標，是決定替哪些方案做原型。我們做這種決定的原則，是「不自然但高效率的」。衝刺計畫團隊的討論不是迂迴曲折的，而是會遵循一種腳本。這種設計在人際互動上是彆扭的，但合乎邏輯——如果你們覺得自己像《星艦迷航記》（Star Trek）中的史巴克（Spock），那正是做對了。這種設計完全是為了盡可能利用團隊的專門知識，顧及人類的長處和弱點，幫助團隊盡量輕鬆地做出一個很好的決定。

為了說明週三的活動安排，我們要介紹另一家新創公司。這家公司製造商用軟體，但它不是一開始就做這種產品。事實上，他們推出的第一個產品，是名為 Glitch 的電子遊戲。

Glitch 很特別：它是一個沒有戰鬥內容的多人遊戲。這個遊戲鼓勵玩家合作、解決問題和群體討論，就是不涉及戰鬥。遺憾的是，這個強調良好行為的特別遊戲，始終無法吸引大量玩家——我們的社會是怎麼了？各位可以自由解讀。

當大家知道 Glitch 顯然不會大賣時，這家公司做了一件奇怪的事。他們不是創造一款不同的遊戲或結束業務，而是轉向發展一項副業：一個他們原本做來自用的通訊系統。該公司創辦人史都華・巴特菲（Stewart Butterfield）覺得

這個通訊系統對其他公司也可能有用。他們因此把它命名為
Slack，然後公開推出。

　　科技公司瘋狂愛上 Slack。推出一年後，逾 6 萬個團隊
共超過 50 萬人每天都在用 Slack。就工作軟體而言，這種
成長是空前的。Slack 宣佈它們是史上成長速度最快的商用
應用程式，媒體同意這個說法。

　　Slack 確實快速成長，但一如所有其他團隊，他們也面
臨一些難題。難題之一是維持強勁的成長。採用 Slack 的多
數是科技公司，這些團隊非常樂意試用新軟體。但是，世上
的科技公司也只有那麼多。為了持續擴張，Slack 必須更好
地向所有類型的公司說明他們的產品。這是很棘手的。表面
看來，問題很簡單：Slack 是工作上的通訊應用程式。但表
象之下的故事其實比較複雜。

　　Slack 極受歡迎，是因為它改變了團隊的運作方式。各
種團隊起初利用 Slack 做一對一的即時通訊，然後往往因此
捨棄電子郵件通訊。但 Slack 並不是只能提供一對一的通
訊服務。一個團隊使用 Slack 時，所有成員都在一個聊天
室之中，Slack 因此可以提供群體通訊服務。Slack 很快取
代了進度檢討會議和電話通訊。許多團隊用它來管理專案，
並且了解整家公司的最新動態。他們把其他軟體和服務連

上 Slack，藉此達到某程度的一站式效果。Slack 成了他們所有工作的中心，而其效率和聯繫感賦予用戶工作愉快的感覺。《紐約時報》也使用 Slack，該報一名記者表示：「因為使用這個軟體，我對身在美國另一邊的同事有一種親近感。這很有趣，對工作來說有巨大的意義。」

Slack 提供一種人們熟悉的服務，但有所不同，有某些獨特的優點。這整個故事真的很難解釋，尤其是在它開發新用戶的時候。

新進的產品經理梅西‧格雷思（Merci Grace）負責解決這個問題。她的團隊要想出如何向潛在用戶說明 Slack。梅西決定做一次衝刺計畫，而因為 GV 是 Slack 的投資人，她邀請我們參加。

衝刺計畫團隊的成員包括梅西、兩名設計師、一名工程師、一名行銷人員，以及我們這幾個 GV 的代表。到週三早上時，一切都符合進度。我們畫出了十多份方案草圖，全都用藍色膠帶貼在玻璃牆上。

我們在房間裡靜靜地第一次看別人提出的方案。有一個方案是以某知名公司使用 Slack 的案例研究為重點，有一個使用一段動畫影片，還有一個是以導覽方式介紹 Slack。這

十多個方案各不相同，每一個都有潛力。要決定哪些方案適合做原型，十分困難。

幸好我們不需要馬上做出選擇。我們在自己覺得有意思的構想旁邊貼上圓點貼紙。數分鐘之後，幾乎每一個草圖上都聚集了一些圓點。我們的靜默檢視結束之後，便聚在一起，逐一討論方案草圖。我們集中討論得到較多圓點的構想，同時使用計時器，藉此避免冗長的討論。

我們花了略少於一小時討論了全部的草圖，然後每個人取得一張粉紅色的圓點貼紙。經過幾分鐘的考慮後，每個人靜靜地把紅點貼紙貼在自己希望做原型的草圖上。

經過簡短的討論後，輪到決策者梅西和公司執行長史都華（他客串出場，與衝刺計畫團隊分享他的看法）做出最後決定了。他們看了紅點貼紙的分佈，想了一下，然後投出他們的「超級票」。就這樣，既沒有迂迴曲折的討論，也沒有人推銷自己的方案，我們就做了決定。

在 Slack 的例子中，衝刺計畫團隊就如何向新顧客解釋產品，提出了十幾個不同的方案。每個人都相信自己的方案

是可行的，每個人也都可以花一小時解釋自己的方案為何可行。但如果每個方案都要用一個小時去討論，可能耗費一整天都不會有任何明確的結論。

我們的做法，是利用衝刺計畫程序，把開放式的討論轉化為高效的評論和決策流程。週三早上結束時，我們已經知道自己想測試哪些構想。

黏貼決策

我們已經花了多年時間優化衝刺計畫的流程，盡可能提高決策效率。結果我們得出一個五步驟的流程——湊巧的是，每一步都涉及一些黏貼的動作：

1 **美術館**：用膠帶把方案草圖貼到牆上。
2 **熱點圖**：靜靜地瀏覽所有方案，用圓點貼紙標出有意思的部分。
3 **快速評論**：快速討論每個方案中有意思的部分，用便利貼記下大概念。
4 **稻草民調**：每個人選一個方案，用圓點貼紙表達自己的意見。
5 **超級票**：決策者用更多圓點貼紙投出「超級票」，

做出最終決定。

這些黏貼動作並不是噱頭。藉由圓點貼紙，我們不必經過冗長的辯論，就能形成和表達自己的意見。藉由便利貼，我們可以記錄大概念，不必仰賴自己的短期記憶。（本書最後會提供完整的衝刺計畫用品清單。）

這些步驟當然還有更多理由，但我們留待詳細說明時再解釋。以下是黏貼決策的運作方式。

第 1 步：美術館

第一步很簡單。你們週三早上踏進衝刺計畫室時，應該都還沒看過其他人畫的方案草圖。我們希望每個人都好好看看每一份方案草圖，因此借鑑巴黎羅浮宮美術館的做法，把草圖掛到牆上。

具體的做法，是用膠帶把草圖貼到牆上。草圖之間要有適當的距離，一如美術館裡的畫作，形成長長的一列。圖與圖之間的距離，應該足以讓團隊成員可以從容地瀏覽草圖，不會擠在一起。此外，可以的話，以大致的時序排列草圖，就像分鏡腳本那樣。

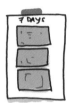

第2步：熱點圖

當然，每個人應該有公平的機會介紹自己設計的方案，並說明背後的原理。嗯……雖然這似乎很理所當然，但你們不會這麼做。

讓各人解釋自己的方案，有各種各樣的壞處。如果有人提出讓人信服的說辭，又或者他本人比較有魅力，你的看法就無法不偏不倚。如果你把方案與它的創作者聯繫起來（「傑米總是提出很好的主意」），你的看法將無法不偏不倚。即使只是知道方案的設計理念，你的看法也會無法不偏不倚。

創作者不難替他們平庸的構想提出很好的理據，或是替他們不可理解的構想提出很好的說明。但在現實世界中，創作者並不會現身推銷和說明自己的方案。在現實世界中，方案必須要能自己站得住腳。如果衝刺計畫團隊中的專家覺得某個方案讓人困惑，顧客很可能也會這麼覺得。

熱點圖這一步，是為了確保你們在無人說明的情況下，第一次瀏覽方案草圖，可以產生最大的作用。在開始瀏覽草圖之前，發給每個人一些小圓點貼紙（每人發 20 至 30 張貼紙）。然後請每個人遵循以下步驟：

1　不說話。
2　好好看一份方案草圖。
3　在你喜歡的部分（如果有的話）旁邊貼上圓點貼紙。
4　方案中你覺得極有意思的點子，在旁邊貼上二或三張圓點貼紙。
5　如果你對方案有疑慮或疑問，寫在便利貼上，貼在草圖下方。
6　轉移到下一份草圖，重複以上步驟。

圓點貼紙可以無限使用，也可以貼在自己的方案草圖上。用完可以再拿。你們最後將得到類似這樣的結果：

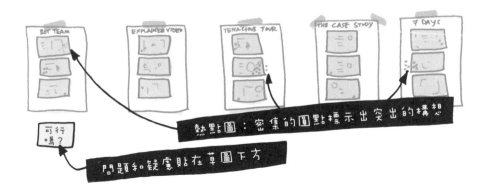

這些圓點貼紙在方案草圖上構成一個「熱點圖」（有點像氣溫圖），顯示出衝刺計畫團隊覺得哪些構想最有意思。這是一項簡單的活動，但一如你接下來會看到的，這個熱點圖將是黏貼決策的基礎。

「亨利・福特」

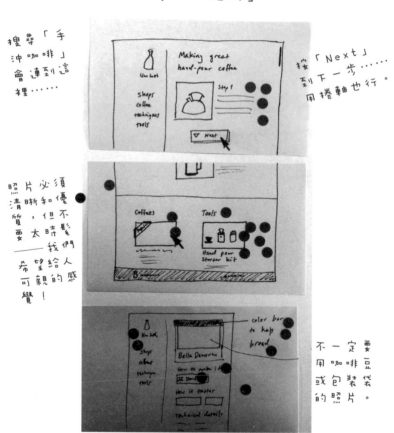

搜尋「手沖咖啡」會連到這裡……

按「Next」到下一步……用捲軸也行。

照片必須清晰和優質，但不要太時髦——我們希望給人可親的感覺！

不一定要用咖啡包裝或代表。的照片

貼上「熱點」的方案草圖。

因為這個過程很快完成，我們有可能把所有方案草圖載入短期記憶裡。而且因為圓點貼紙是無限供應的，衝刺計畫團隊成員也不會耗掉自己的多數決策精力。熱點圖既是找出突出構想的好方法，也是替你的大腦暖身，做好決策準備的好方法。

但熱點圖有它的局限。它無法告訴你為什麼人們喜歡某個構想，而如果你不明白畫圖者的意圖，熱點圖無法向你解釋。為了找到答案，你必須與其他團隊成員討論。當然，這意味著你們必須大聲交談，而這是我們從週二早上以來致力避免的。希望你還沒忘記怎麼做這件事。

大聲交談是危險的。人類是社會性動物，而當我們順從討論和爭辯的人性衝動時，時間將很快流逝。我們不希望任何人過度耗用他們的短期記憶力，也不想浪費寶貴的衝刺計畫時間。因此在下一個步驟，衝刺計畫團隊將大聲交談——不過，你們將遵循一個腳本。

第 3 步：快速評論

在快速評論這一步，衝刺計畫團隊將討論每一個方案草圖，並且記錄突出的構想。你們的談話將遵循一種結構，而

且限時完成。第一次做的時候，你們可能會覺得不自在和勿促，也可能會覺得難以跟隨所有步驟（有疑問時，請使用本書後附的檢查表）。但你們很快就會掌握這當中的訣竅。之後你們會得到一種分析構想的有力工具，可能在其他場合派上用場。

快速評論期間，促進者會非常忙碌，因此必須有人自願幫忙，擔任抄寫員。你們檢視牆上的方案草圖時，抄寫員將把突出的構想寫在便利貼上。抄寫員的筆記有幾個用途。這些筆記賦予所有人敘述方案的一套共同詞彙，也有助所有團隊成員覺得自己的意見有人聽見，而這可以加快討論速度。此外，它們把團隊的觀察組織起來，有助你們在下一步投出自己的一票。

快速評論是這麼做的：

1　衝刺計畫團隊成員聚集在一份方案草圖前面。
2　設定計時器，開始 3 分鐘的倒數計時。
3　促進者敘述方案。（「這裡看來是一名顧客點擊播放影片，然後點到提供詳細資料的頁面……」）
4　促進者喊出突出的構想，也就是方案中獲得相當多圓點貼紙的部分。（「動畫影片這點子得到很多圓點……」）

5 促進者漏掉的突出構想，由其他團隊成員喊出來。

6 抄寫員把突出的構想寫在便利貼上，貼在方案草圖上方。替每個構想取一個簡單的名字，例如「動畫影片」或「一步式登記」。

7 檢視疑慮和問題。

8 方案作者請保持沉默，直到獲邀發言。（「請作者公開身分，談談我們遺漏的重點！」）

9 由方案作者說明團隊成員沒有注意到的地方，並回答問題。

10 轉移到下一份方案草圖，重複以上步驟。

沒錯，自豪的方案作者直到最後才發言。這種不尋常的做法可以節省時間、減少多餘的言語，以及促進坦誠的討論。（如果先讓作者推銷他的方案，其他團隊成員就比較難提出批評了。）

盡可能把每個方案的討論時間限制在 3 分鐘之內，但也應該保留一點彈性。如果某個方案有很多出色的構想，可以多花幾分鐘把它們全部記錄下來。另一方面，如果方案獲得很少圓點認可，而且作者未能提出具說服力的說明，則你們可以很快轉移到下一個方案。仔細討論一個沒有人欣賞的方案，並沒有任何好處。

促進者：指出圓點密集處，敘述受重視的構想。

抄寫員：把突出的構想寫在便利貼上

看得見的計時器（每個方案3分鐘）

其他團隊成員：說出促進者漏掉的突出構想

記住，在快速評論這一步中，你們只需要記下看來有希望成功的構想。不必討論某個構想是否應該納入方案原型中；這是稍後才要做的。你們不應該試圖當場提出新構想。把每個方案中的突出構想寫下來即可。

快速評論結束時，每個人都已經了解所有看來有希望的構想和細節了。牆上也將留下你們用來記錄討論結果的便利貼，就像這樣：

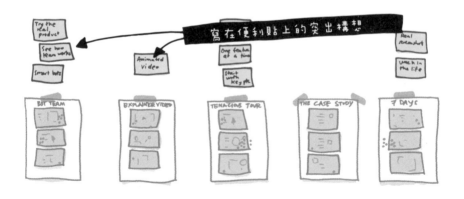

如果你是促進者，你在快速評論的過程中必須靈敏思考、快速判斷，維持團隊的前進步伐。你將兼顧敘述者和仲裁人的角色，但這過程應該是有趣的。畢竟那些方案應該是有意思的，而且因為你們集中討論出色的構想，討論氣氛將是積極的。

第 4 步：稻草民調

先為不熟政治的人解釋一下稻草民調（straw poll）：這是一種沒有約束力的投票，旨在評估群體的意見（就像舉起一根稻草來看風往哪邊吹）。在衝刺計畫中，稻草民調的目的也是這樣：整個團隊藉此迅速表達看法。投票結果並沒有約束力。你可以把它想成是為衝刺計畫的決策者提供參考意見的一步。這項作業相當簡單：

1　發給每個人一票（用大圓點貼紙代表選票，我們喜歡用粉紅色貼紙）。
2　提醒所有人長期目標和衝刺計畫問題。
3　提醒所有人，最好選擇有巨大潛力的大膽構想。
4　設定計時器，開始 10 分鐘的倒數計時。
5　每個人私下寫下自己的選擇，可以是整個方案，也可以是某個方案中的一個構想。

6 時間一到或所有人都已經準備好的時候，把代表選票的大圓點貼到方案草圖上。

7 每個人扼要解釋自己的選擇（每人 1 分鐘左右）。

有大量提示可以幫助你做出選擇。在上一章，我們要求你們替每個方案取個吸引人的名字。在稻草民調這一步中，這些名字（以及熱點圖和快速評論產生的便利貼）將有助你們較輕鬆地比較和權衡可選的方案和構想。

之前提到，人類有相當大的局限，但做上述決定是人腦擅長的事情之一。衝刺計畫室裡的每個人都有自己的專門知識，也累積了多年的智慧。在快速評論載入短期記憶的情況下，這些精密的頭腦將能專注做一件事。不必主持團隊討論，不必表達意見，不必試圖記住方案草圖的所有細節。只需要應用你們的專門知識，做一個知情的決定。這是人腦很擅長的事。

團隊成員將花幾分鐘的時間，靜靜地考慮自己的投票決定。然後……就這樣，各人把自己的大圓點貼到方案草圖上。

然後每個人扼要解釋自己的選擇。決策者應該傾聽這些解釋，因為他很快就要行使他的決策權了。

做誠實的決定

有些人參與群體活動時，會關注能否達成共識，希望做出所有人都支持的決定——主要是出於好意，以及希望凝聚團隊，此外也可能是因為民主讓人感覺良好。嗯，民主是治理國家的好制度，但在衝刺計畫中完全不適用。

先前提過我們在烏賊公司犯過的錯誤：衝刺計畫團隊沒有納入決策者。數週後，我們到「鴕鳥公司」做衝刺計畫。（名字和可辨識身分的細節已更改，以保護無辜者。）我們吸取了有關決策者的教訓，因此找來鴕鳥公司創辦人暨執行長奧斯卡全程參與衝刺計畫。

週三這天，鴕鳥公司要選出做原型的方案。奧斯卡說：「我們是一個團隊。這件事我們必須一起決定。」大家都很高興，所有人都投了票。結果衝刺計畫團隊選擇的方案不是奧斯卡的心頭好，但在週五的測試中表現良好。這次衝刺計

畫成功了。但數週後，我們再與奧斯卡討論時，才發現事實並非如此。

「呃……」奧斯卡摸摸自己的後腦勺，顯得很難為情。「我後來再想了一下，然後，呃……決定走另一個方向。」

「我猜你選擇了你在衝刺計畫中喜歡的那個方案，」約翰說。

「嗯，對，」奧斯卡說。

衝刺計畫期間，奧斯卡因為顧及團隊精神，放棄了自己的決策權。他希望讓團隊做決定。但團隊選擇的方案，不是奧斯卡最喜歡的。在做完原型和測試之後，奧斯卡回到他的標準決策模式，結果現在鴕鳥公司執行的是一個未經測試的方案。

那麼，是誰把事情搞砸了？並不只是奧斯卡。衝刺計畫團隊中的其他人全部都有責任，因為我們允許奧斯卡放棄他的決策權。鴕鳥公司的教訓，是決策者必須做誠實的決定。衝刺計畫團隊納入決策者是有原因的，而現在正是最需要決策者盡其責任的時候。

當然，當決策者可不輕鬆。我們和許多新創公司的執行長談過，他們多數感受到必須為公司和團隊做正確決定的壓力。在衝刺計畫中，決策者會獲得充裕的決策協助。詳細的方案草圖、集體完成的筆記，加上剛完成的稻草民調，應該足以滿足決策者的需要。

第 5 步：超級票

超級票的目的，是替團隊做出最終決定。每一名決策者（團隊中可以有超過一位決策者）將獲得三張特別票（上面寫著決策者名字的首字母！），而無論他們把票投給哪些方案或構想，衝刺計畫團隊都將據此做原型和測試。

決策者可以選擇在稻草民調中受歡迎的構想，也可以不理會稻草民調的結果。他們可以把票分散，也可以集中投給某個方案。也就是說，決策者的特別票，基本上喜歡怎麼投都可以。

在決策者投票之前，最好也提醒他們長期目標和衝刺計畫問題（這些內容應該還在某塊白板上！）。決策者投票之後，衝刺計畫週最艱難的抉擇已經完成了。結果大概是這樣：

得到超級票（即使只有一張！）的方案是贏家。你們將圍繞著勝出的構想做原型，並在週五加以測試。我們喜歡重新排列牆上的方案草圖，讓超級票贏家聚在一起，像這樣：

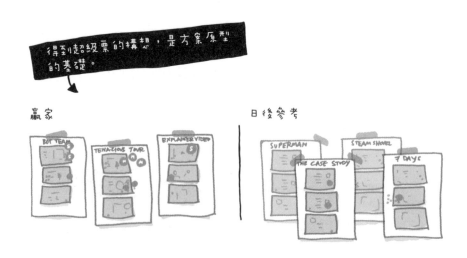

沒有得到任何超級票的方案並非贏家，但也不是輸家。它們是供日後參考的方案。週三下午規劃方案原型時，你們可以考慮納入這些方案的構想，又或者在下次衝刺計畫時使用它們。

　　必須注意的是，這種決策方式並不完美。決策者有時會做錯決定。好點子有時未能得到垂青（至少沒有在第一次衝刺計畫中勝出）。但「黏貼決策」即使不完美，也是相當好的，而且非常快。這種速度有助衝刺計畫達到它的大目標——藉由週五的測試，取得現實世界的資料。說到底，我們正是基於這種資料，做出最好的決定。

━━━

　　衝刺計畫團隊選出勝出的方案之後，所有人很可能覺得如釋重負，畢竟衝刺計畫中最重大的決定已經做出。每個人都得到了發表意見的機會，每個人都明白決定是怎麼做出來的。如釋重負之外，看到方案原型的組成要素，也是令人興奮的。

　　但是，衝刺計畫團隊還必須克服一個障礙。因為每一位決策者都有三票，而且有時決策者不止一位，勝出的方案很

可能超過一個。那麼，如果這些方案互有矛盾，該怎麼辦？
如果勝出的構想無法全部納入一個原型，又該怎麼辦？下一
章將回答這些問題。

CHAPTER 11

比拼

Slack 創辦人暨執行長史都華‧巴特菲正在看一個名為「Bot 團隊」的方案。它顯示一名新顧客與一群 Bot（電腦控制的角色，可以發送訊息和回答簡單的問題）交談，藉此了解 Slack 這個應用程式。史都華點點頭，抓了一下他長著鬍渣的下巴。然後他把自己的最後一張粉紅貼紙貼在方案草圖上，完成超級票表決。

史都華告訴我們，他有預感「Bot 團隊」會成功。潛在顧客難以想像在工作上使用 Slack 的情況。史都華認為藉由「Bot 團隊」提供的模擬，這些顧客馬上就能明白。

史都華有多次創業的經驗，以預感能力出色著稱。在 Glitch 這個遊戲證實未能流行之後，他根據自己的預感，改

以 Slack 為業務重心。十年前，他的預感引導他創立照片分享服務 Flickr。因此，當他說他有預感「Bot 團隊」會成功時，我們都很重視他的意見。但是，產品經理梅西擔心這種偽裝的團隊可能混淆顧客。此外，據她估計，正確執行該方案所需要的工程工作，可能要四至六個月才能完成。

梅西也是有信譽的人。她是經驗豐富的創業者，加入 Slack 之前，曾創辦一家軟體公司。此外，因為主管這項專案，她也是這次衝刺計畫的決策者之一。她的超級票投給了另一個方案──該方案名為「堅強旅程」（The Tenacious Tour），一步步地說明 Slack 的介面。

這種超級票衝突造成一個問題，因為我們想不到要如何把「Bot 團隊」和「堅強旅程」融入同一個原型。如果結合兩者，內容會太多。如果出現兩個出色的構想，而且沒辦法把它們結合起來，唯一的明智做法，是做一次比拼（Rumble）。

週三早上，衝刺計畫團隊經由「黏貼決策」，選出了看來最有希望成功的方案。但如果像 Slack 這樣，你們選出了兩個（或甚至三個）方案，而且它們無法結合起來，那該怎

麼辦？因為每位決策者有三票超級票，這種衝突經常發生。這種情況看起來可能很麻煩，但它其實是好事。

如果有兩個彼此衝突的好方案，其實不必從中選一個。你們可以兩個方案都做原型，然後在週五的測試中，就能看到它們是否受顧客歡迎。兩個方案原型狹路相逢，就像職業摔角手那樣，在擂台上激烈比拼。這種原型測試，我們稱之為「比拼」。

藉由原型比拼，衝刺計畫團隊得以同時探索多個選項。在 Slack 的例子中，這意味著替「堅強旅程」和「Bot 團隊」各做一個原型。梅西和史都華不必爭論，也不必妥協、接受一個弱化的方案。藉由這次衝刺計畫，他們只需要五天，就能得到寶貴的資料——然後再下定決心採用某個方案。（至於誰的預感正確，本書稍後會有答案。）

當然，原型比拼並非總是適用。有時候你們只會選出一個方案。有時候你們會選出多個方案，但它們可以結合成一個。Savioke 的機器人個性方案（音效、顧客滿意度調查，以及被稱讚時快樂起舞），可以全部融入一個原型。幸好是這樣，因為我們只有一個機器人。

如果你們認為勝出的多個方案可以由一個原型結合起

來，那就別費心做原型比拼了。就把這些方案融入一個原型吧。這種綜合做法是有好處的。你們的原型將有比較豐富的內容，而且也會比較精細。

比拼或綜合

如果你們有超過一個勝出方案，請做一次簡短的全體討論，看是要比拼，還是以一個原型結合所有勝出方案。這個決定通常不難做。如果難以決定，你們總是可以要求決策者決定怎麼做。

如果決定要比拼，還必須克服一個小問題。你們如果向顧客展示同一個產品的兩個原型，可能會變得像驗光師：「你喜歡哪一個？A 或 B？A？還是 B？」*

幸好這問題不難解決，而且方法還挺有趣的：你們將創造一些虛構的品牌。只要你們的原型有自己獨特的名字和外觀，顧客就能區分它們。

在 Slack 的衝刺計畫中，我們決定把 Slack 這品牌用在一個原型上，但還需要替另一個原型虛構一個品牌。我

---

* 驗光師本身沒有問題。我們喜歡驗光師。

們知道，如果原型的名字是「Acme」（頂點）或「Clown Pants」（小丑褲）之類，顧客不會把它當一回事。名字必須讓人覺得這個原型真的可以和 Slack 競爭。我們考慮了幾個選擇，決定替第二個原型取名為「Gather」（聚集）。這是個理想的名字：它不是真實的產品，但給人真實的感覺。

藍瓶咖啡測試線上商店的不同方案時，也遇到類似問題。他們需要給人真實感覺的虛構咖啡品牌，結果他們採用的品牌是「Linden Alley Coffee」（林登巷咖啡）、「Telescope Coffee」（望遠鏡咖啡）和「Potting Shed Coffee」（盆栽棚咖啡）。

創造虛構品牌是有趣的事，但也可能浪費時間。為了確保效率，我們採用一種腦力激盪的通用型替代做法。我們稱之為「記下後表決」（Note-and-Vote），以下說明具體做法。

記下後表決

在整個衝刺計畫過程中，你們有時必須向團隊成員蒐集資料或構想，然後做出決定。「記下後表決」是一種便捷的做法，只需要約 10 分鐘。無論是創造虛構品牌還是決定去

哪裡吃午飯，這個方法都很好用。

1　發給每個團隊成員一張紙和一支筆。

2　每個人花 3 分鐘，靜靜地寫下自己的構想。

3　每個人花 2 分鐘做編輯，選出自己最滿意的 2-3 個構想。

4　把各人的最佳構想寫在白板上。如果衝刺計畫團隊有七個人，你們總共大概會有 15-20 個構想。

5　每個人花 2 分鐘，從白板上靜靜地選出自己最喜歡的構想。

6　各人逐一喊出自己最喜歡的構想。白板上的構想每得一「票」，就在旁邊畫一個圓點。

7　決策者做出最終決定。一如其他決定，他可以選擇尊重多數人的意見，也可以堅持自己的獨特看法。

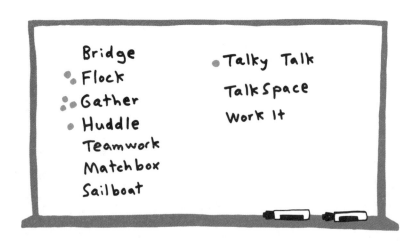

———————

　　週三午休之前，你們將已經選出你們認為最有希望回答衝刺計畫問題、幫助你們達成長期目標的方案。你們也已經決定要綜合多個勝出方案做一個原型，又或者做 2-3 個原型來比拼。接下來，你們必須把這些決定做成一個行動計畫，以便能夠在週五的測試之前，及時做好原型。

CHAPTER 12

分鏡腳本

到了週三下午，你們會感覺到週五的顧客測試已經迫在眉睫。因為時間緊迫，選出勝利方案之後，你們會很想馬上開始做方案原型。但如果沒有先做好計畫就開始做原型，你們很可能會因為回答不了一些小問題而陷入僵局。方案各部分將無法構成一個可行的整體，原型可能四分五裂。

週三下午，你們將回答這些小問題，並做好一個計畫。具體而言，你們將根據勝出的方案，編排出一個分鏡腳本。這個腳本會類似你們在週二草擬的三格式分鏡腳本，只是它

會長一些：大概有 10-15 格，緊密連成一個連貫的故事。

　　這種長版的分鏡腳本，是電影業常用的一種工具。作品包括《玩具總動員》（*Toy Story*）和《超人特攻隊》（*The Incredibles*）的皮克斯（Pixar），在投入動畫繪製工作之前，會先花好幾個月做好分鏡腳本。對皮克斯來說，這種準備工作是有道理的：相對於重新繪製動畫或請大明星重新配音，修改分鏡腳本容易得多。

　　衝刺計畫可用的時間比皮克斯製作一部電影短得多，工作規模也小得多。但分鏡腳本還是值得做的。你們將借助分鏡腳本來想像方案原型完成後的模樣，以便你們能在製作原型之前辨明問題和需要澄清的地方。事先處理好這些問題之後，你們就可以在週四專注做原型了。

　　Slack 的分鏡腳本呈現其原型的運作方式：顧客看到一篇有關 Slack 和 Gather 的新聞報導，然後點擊連結，連上相關網站，最後決定試用產品（希望是這樣）。

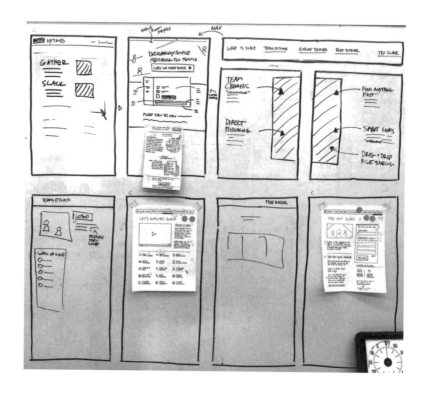

　乍看之下，這個分鏡腳本可能像世上最乏味（和畫工最差）的連環圖。但對 Slack 的團隊來說，這是傑作。這個腳本納入了我們的所有好點子，編排成一個我們全都能明白的故事。我們希望它對顧客也是有意義的。我們在白板上看到這些東西：

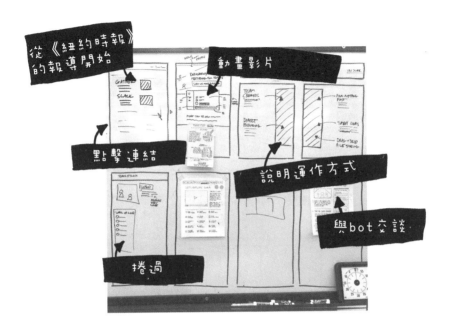

　你們做出來的分鏡腳本，對團隊成員的意義也將一如 Slack 的腳本。接下來我們將以 Slack 為例，具體說明如何做分鏡腳本。

　首先，必須有人當分鏡腳本的「畫師」。我們加上引號，是因為這個工作並不需要真的懂畫畫。這名「畫師」不過是願意在白板上寫很多東西的人。（這段時間可能是讓促進者休息的另一個好機會。）

畫格網

　　首先，你們需要一個大格網，大概要有 15 個框格。在一個空白白板上畫出這些框格，每格約為兩張紙那麼大。如果覺得長直線很難畫（誰不是這樣呢），可以用膠帶而非白板筆。

　　你們將從左上角的格子開始畫分鏡腳本。週五的顧客體驗，會從這一格開始。那麼……這應該是怎樣的？方案原型的開場，最好怎麼設計？

　　開場設計得好，可以提升顧客測試的品質。適當的脈絡有助於讓顧客忘記自己是在做原型測試，然後自然地對產品

做出反應，就像是他們自己碰到這個產品似的。如果你們做的是某個應用程式的原型，應該從 App Store（應用程式商店）開始。如果是做新的盒裝穀物食品的原型，應該從超市的貨架開始。那如果是做職場通訊軟體的原型呢？

在現實中，Slack 得到很多正面的媒體曝光。很多新顧客是看到媒體報導而發現這產品的。梅西因此建議我們用一篇虛構的《紐約時報》報導來做開場。這篇報導可以是談「職場軟體新趨勢」──這很適合用來介紹 Slack 和 Gather 這兩個原型。我們是這麼把它畫到分鏡腳本上的：

虛構的媒體報導是有用的開場工具。我們在藍瓶咖啡的衝刺計畫中也用了這一招，以一篇虛構的《紐約時報》報導

（談三家新興咖啡業者）做開場。

不過，腳本可以有很多種開場方式。Flatiron Health 想知道其軟體的既有用戶，是否會為了一個新的臨床試驗工具而改變工作流程。媒體報導對 Flatiron 沒有什麼意義。它選擇的開場是一個電子郵件收件匣，這是研究協調員接收新系統通知的地方。Savioke 的開場，是顧客入住一家飯店，然後發現忘了帶牙刷。設計開場的訣竅，是從你想測試的方案的起點往前推一兩步。

選擇一個開場

顧客如何發現你們這家公司？他們正要使用你們的產品之前，身處何處？在做什麼？我們愛用的開場相當簡單：

- **網路搜尋**，而你們的網站藏在搜尋結果中
- **雜誌**上出現你們公司的廣告
- **商店貨架**上，你們的產品與同類商品放在同一區
- **應用程式商店**，你們的應用程式也在裡面
- **媒體報導**提到你們的產品，可能也提到一些競爭對手
- **臉書**或**推特**上的貼文提到你們的產品

開場還有其他可能。你們的方案原型可以從日常的事物開始，例如醫師的文件夾、工程師的電子郵件收件匣，或教師的班級通訊。如果你們是要測試一種新商店，或許可以把顧客踏進商店的那一刻當作起點。

把自己的方案與競爭對手的產品並列，幾乎總是好的。事實上，你們可以在週五安排顧客一並測試你們的原型和競爭對手的產品。

———

選定開場之後，你們只需要再做九百個決定，就能完成分鏡腳本。開玩笑而已……但也不完全是玩笑。

設計分鏡腳本是個簡單的步驟，過程中必須做大量的小決定。這些小決定可能令人疲累，但記住，這一步是為了減輕之後的工作負擔。你們現在每做一個決定，實際做方案原型時就少一件事必須思考。

填入腳本內容

選定開場之後，分鏡腳本的「畫師」就應該把它畫在第

一格（「畫師」要站在白板前面，其他團隊成員則聚在旁邊）。隨後你們將逐格完成故事，就像畫一本漫畫書那樣。在這過程裡，你們將集體討論每一步。

盡可能利用獲選方案上的便利貼，合用時就把它們轉貼到白板上。如果遇到故事的「缺口」（獲選方案未闡明的某一步），除非這對測試方案非常重要，否則不要填補它。方案原型有某些部分無法運作（例如有些按鈕無效，有些功能選項未能提供），是沒問題的。出人意表的是，在週五的測試中，顧客通常很容易忽略這些「死胡同」。

如果你覺得缺口必須填補，盡可能從那些「日後參考方案」或公司既有產品中尋找可用的材料。避免當場創造新的構想。在週三下午提出新構想，不是善用時間或精力的好做法。你們當然必須畫一些東西，包括填補某些空白，以及根據獲選方案的構想加以發揮，好讓方案原型成為一個可信的故事。記住，不必畫得很別緻。如果場景發生在螢幕上，你只需要畫出一些按鍵、文字和代表鼠標的小箭頭。如果場景發生在現實生活中，你可以畫一些火柴人和對話框。

擬定分鏡腳本很可能需要一整個下午。為了確保你們可以在下午五點前完成，請遵循以下指引：

利用既有材料。

避免創造新構想，盡可能利用你們已經想到的好主意。

不要集體撰文。

分鏡腳本應該包括一些粗略的提要和關鍵詞，但你們不應該試圖集體把文字改到理想狀態。集體撰文很容易產生乏味、空洞的廢話，而且還會浪費很多時間。盡可能利用方案草圖上的文字，又或者等到週四再仔細處理文字。

細節夠用就好。

分鏡腳本要有足夠的細節，也就是週四做原型時，沒有人需要問「接下來是怎樣？」或「這裡應該是怎樣？」這種問題。但也不要過度仔細。你們不必每一格都做到盡善盡美，也不必想好所有的細節。有些地方只需要寫上「細節由週四負責這部分的人決定」，然後就可以跳到下一步。

讓決策者決定。

研擬分鏡腳本並不容易，因為你們有限的決策精力在早上已經耗掉大部分。為了讓工作容易一些，請仰賴決策者做決定。在 Slack 的衝刺計畫中，布雷登是分鏡腳本的「畫師」，但負責做決定的是梅西。她確實要背起額

外的負擔，但如此一來，我們可以保持高效率，而且能避免集體創作常見的空洞乏味問題。

如果你們把所有的好構想都納入腳本中，通常會無法編出一個合理的故事。但你們也不能耗費很多時間爭論應該納入哪些構想。決策者可以尋求團隊成員的意見，又或者把某些部分交給專家決定——但請不要採用民主決策模式。

有疑問時，大膽一點。

有時候你們無法納入所有的好主意。記住，衝刺計畫最好是用來測試潛在報酬很高、相當冒險的方案。因此，你們必須改變平常替事情排序的方式。如果你們本來就想在不久之後採用一些低風險、影響不大的好做法，那麼在衝刺計畫中測試這些做法不會有很大的意義。你們應該略過這種穩當的好構想，測試一些可能有重大意義的大膽方案。

把故事控制在 15 分鐘以內。

請確保整個方案原型可以在大約 15 分鐘內完成測試。你可能覺得這很短，尤其因為顧客訪問可以長達 60 分鐘。但你必須預留時間讓顧客思考和回答問題，而且開始和結束訪問也需要一些時間。所以 15 分鐘的測試，實際上將需要超過 15 分鐘。堅持 15 分鐘的時限還有一

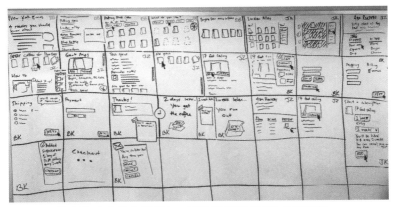

藍瓶咖啡的分鏡腳本，呈現選購咖啡豆的全部步驟。

Savioke 的分鏡腳本具體呈現機器人送東西到客房的過程。

個務實的理由：這有助確保你們集中注意最重要的方
案。記住，別貪心，方案的內容不能多到你們不夠時間
做原型。（經驗法則：分鏡腳本中的每一格，約等於測
試中的 1 分鐘。）

吸收了所有獲選方案的內容之後，分鏡腳本就完成了。你們已經完成衝刺計畫中最艱難的部分。重要的決定已經做出，方案原型也已經擬好計畫，週三的工作也就完成了。

促進者筆記

避免耗盡力氣

做決定需要意志力，而我們每天可用的意志力是有限的。你可以把意志力想作是早上充滿電的電池，然後每做一個決定就用掉一些電力（這就是所謂的「決策疲勞」現象）。身為衝刺計畫的促進者，你必須設法確保決策電力可以維持到下午五點。

週三是必須接連做很多決定的一天，因此很容易耗盡決策電力。如果你們能遵循「黏貼決策」程序，同時避免創造新構想，你們應該可以維持決策電力到下午五點。

但促進者必須保持警惕，留意看來無法快速得出結論的討論。發現這種討論時，你應該請出決策者：

這是很好的討論，但我們今天還有很多事要做。我們請決策者來做個決定，好讓我們能向前邁進。

還有：

這件事我們就相信決策者吧。

小細節（例如設計或措辭問題）可以等到週四再處理：

這一點我們等明天負責原型的人來處理。

如果有任何人（甚至包括決策者）開始當場提出新點子，你應該請他等到衝刺計畫結束後再去探索新構想：

看來我們現在是在提出新構想。這些主意真的很有意思，我想你應該記下來，免得忘記。但為了能夠完成衝刺計畫，我們必須集中注意既有的好構想。

最後這件事特別困難。沒有人喜歡扼殺靈感，而且那些新主意可能顯得比方案草圖裡的構想更好。請記住，多數構想在純概念階段會顯得比較誘人；也就是說，它們實際上可能沒那麼好。不過，即使那些新點子之中

有歷來最出色的構想，你們也沒有時間處理它。

　　你們已經選出來的方案值得做測試。如果那些新點子真的很有價值，你們可以在下週跟進。

星期四
Thursday

你們在週三創造出一個分鏡腳本。週四你們將基於「模擬」原則，根據這個腳本做出一個逼真的方案原型。在接下來幾章，我們將說明可以幫助你們只用七個小時就做出原型的心態、策略和工具。

CHAPTER 13
模擬

　　一名方下巴的牛仔站在一家酒吧外面。街上塵土飛揚，他調整了一下帽子，斜眼望向街的另一邊；那裡有五個穿黑西裝的男子坐在馬背上，手上拿著來福槍。街上更遠處是一群鎮民，聚在雜貨店附近。一團風滾草吹過街頭。沒有人講話，但所有人都知道：這個小鎮即將發生一些麻煩。

　　只要看過一部老西部片，你應該覺得上述場景似曾相識。戴白帽的好人，戴黑帽的壞人，以及許多俗濫情節。小鎮往往是這種電影看起來最真實的部分：護牆板屋、木板路，以及裝了擺動門的酒吧。

　　當然，那些老西部場景其實從來都不是看起來那麼真實。導演有時找到一個看起來差不多的既有地點，例如一個

已經沒人住的鬼鎮，或是某個風景如畫的義大利村莊。但多數電影是在某個好萊塢片場拍攝的。牛仔身後那個酒吧？那不過是一幅外牆，後面什麼都沒有。

但對觀眾來說，這毫無差別。以小鎮為場景的那幾分鐘裡，我們沉醉在故事中。一切都像是真的。無論那是表象或鬼鎮，錯覺是有效的。

週四的任務是模擬。你們已經想出一個好方案。你們不會耗費數週、數月或甚至數年時間，把該方案付諸實行，而是要模擬它。你們要用一天的時間，做出一個逼真的原型，就像老西部片裡的酒吧外牆。週五時，你們的顧客——一如電影觀眾——將忘記周遭事物，對方案原型做出反應。

外牆比你想像的容易做。假設你們正在做一個需要 100 天才能完成的專案，而 90% 真實就可以測試。簡單估算一下，你們需要 90 天才能做到 90% 真實的程度，也就是約三個月後應該可以測試。但我們發現，如果只是要做一幅外牆，則一天時間就能做到 90% 真實的程度。

「哇，不得了！」你心想。週四早上，你們除了白板和

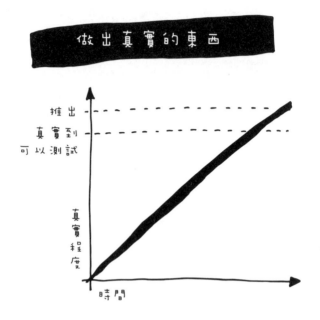

做出真實的東西

推出
真實到
可以測試

真實程度

時間

紙上的一些草圖外，什麼都沒有。我們是要求你們一天就做出逼真的原型嗎？這不是不可能的嗎？確實不可能，只是你們已經在週一、週二和週三完成了最困難的那部分工作。拜分鏡腳本所賜，你們完全不必猜測原型該納入什麼。方案草圖中滿是明確的文字和細節。而且你們有一個理想的團隊，掌握創造原型所需要的種種技能。

當然，你們可以花較長的時間，做出一個比較精美的原型，但這麼做只會拖慢學習過程。如果你們走對了路，這是沒問題的；但我們還是面對現實吧——並非每個方案都是可

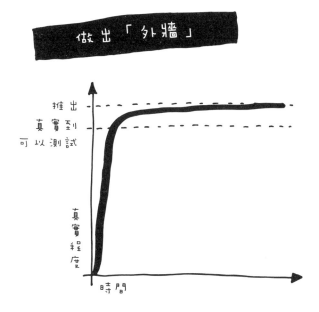

做出「外牆」

推出
真實型
可以測試

真實程度

時間

行的。無論你們是冒險試驗一個大膽的方案,還是對眼下的方案是否可行非常不確定,早一點釐清結果總是好事。浪費時間在錯誤的構想上,是很糟的事。

　　但最大的問題可能是:你花在某件東西(無論它是原型還是真實的產品)上的時間越久,你對它的依戀之情往往越強,而你認真看待負面測試結果的可能性也就越低。如果只花一天時間,你將能接受意見回饋。如果已經投入了三個月,你很可能已經決心撐到底。

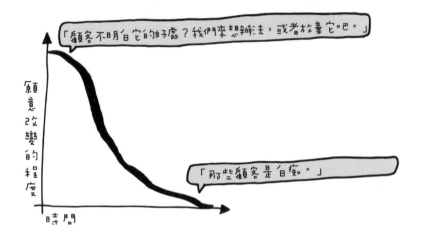

你們一開始是處於我們所畫的這些圖的理想位置（不過，這些圖確實是我們編造出來的）：你們尚未對自己的方案產生依戀之情；因此，如果測試結果不佳，你們有足夠的彈性去糾正或捨棄它們。你們大可走捷徑到90%的真實程度，只要你們願意只做「外牆」──沒有各種管線，也不涉及結構工程。你們只需要做出方案的外觀。

原型心態

只做外牆可能讓你們覺得不安。但為了做出方案原型，

你們必須暫時改變理念：從追求完美轉為接受剛剛好，從追求長期品質轉為執行暫時的模擬。我們把這種新理念稱為「原型心態」（prototype mindset），而它由四個簡單的原則構成。

1　無論是什麼方案，都可以做原型

你們必須相信自己做得到——這句話雖然老套，但信心真的很重要。如果你們在週四開始時，樂觀地確信自己的方案有辦法做原型，你們將能找到方法。我們稍後將討論為硬體、軟體和各種服務做原型的具體方法。它們可能符合你們的需要，否則你們必須運用自己的才能，發明自己的方法。不過，只要能保持樂觀並抱持原型心態，你們幾乎總是可以找到方法。

2　原型是可以捨棄的

不要做出你們不願意捨棄的原型。記住：你們測試的方案或許是不可行的。因此，不要屈服於誘惑，耗費數天或數週去做原型。這種額外的付出只能得到愈來愈低的報酬，而且在此同時，你們會日漸愛上一個可能將證實不可行的方案。

3　做到剛好能滿足測試需要即可

原型是要做來回答問題的，因此必須集中處理某些問

題。你們不必做出能完全運作的產品，只需要做出看起來真實、顧客可以對它做出反應的產品原型。

4　原型看起來必須夠真實

為了在週五的測試中得到可靠的結果，你們不能要求顧客運用他們的想像力。你們必須向他們展示看起來真實的原型。如果你們能做到，顧客的反應將是真實的。

多真實才算夠真實？週五測試原型時，你們會希望顧客自然且真實地做出反應。如果顧客只看到不夠可信的東西，例如由草圖構成的「紙上原型」，又或者是設計簡化之後的線框圖，則測試將無法引起顧客的「真實錯覺」。

在這種情況下，顧客將從反應模式轉入回饋模式。他們將試圖幫忙，提供建議。在週五的測試中，顧客的反應非常寶貴，但他們的回饋則沒有什麼價值。

剛剛好的品質

區分回饋與反應非常關鍵。你們的目標，是創造出一個能引起顧客誠實反應的原型。你們希望這個原型盡可能真實，但它也必須可以在一天內做出來。如我們的夥伴丹尼爾·

柏卡所言，理想的原型應該是品質剛剛好。如果品質太差，顧客不會相信這個原型像真實的產品那樣。如果追求太高的品質，你們即使徹夜趕工也無法及時做出原型。原型的品質應該剛剛好：既不太高，也不太低。

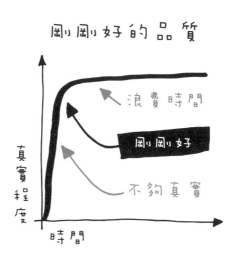

當然，每一種產品的「剛剛好品質」都不大一樣。接下來我們將討論一些例子：五個團隊，替 iPad 應用程式以至醫學報告等產品做原型。你可以從他們的故事中，看到他們如何應用「剛剛好品質」原則和原型心態，解決他們面臨的獨特難題。我們先來看 FitStar 這家公司，看他們如何在關鍵人物缺席的情況下，做出精巧的產品原型。

FITSTAR

問題：我們可以如何說明一種新的健身應用程式？

形式：模擬的 App Store 與 iPad 應用程式

工具：Keynote（簡報軟體）、真人演出、iPhone 影片、
iPad

「人們誤會了。他們下載這個應用程式，試用它，但以
為它是別的東西。」

麥克‧梅薩（Mike Maser）在我們的舊金山辦公室，靠
後坐在一張塑膠椅上。他頭上那頂棒球帽，因為戴了很多年，
帽邊明顯磨損，而他身上的厚棉格子襯衫也舊得褪了色。我
們想不到像他這樣一個常與職業運動員作伴、一半時間花在
洛杉磯拍片現場的人，會是這樣的裝扮。

麥克是 FitStar 這家新創公司的執行長。2013 和 2014
年，FitStar 的 iPad 應用程式贏得蘋果公司尊貴的年度最佳
程式榮譽。在 App Store，FitStar 在健康類廠商中名列前
茅。2015 年，健身科技公司 Fitbit 收購了 FitStar。

但是，這都是之後的事。2012 年這一天下午，除了麥克
和公司共同創辦人戴夫‧格里哈爾瓦（Dave Grijalva）之外，

沒有人真正知道 FitStar 是做什麼的。GV 在該公司有投資。麥克、戴夫和我們花了一個星期做衝刺計畫,目標是找一個比較好的方法,向大眾說明 Fitstar 的新應用程式。

麥克和戴夫對於如何為大眾提供個人健身指導服務,有自己獨到的想法。個人健身教練收費高昂,而且因為教練非常繁忙,時間不好安排。「多數人根本沒辦法請個人教練,」麥克說。拜麥克在娛樂圈的人脈所賜,FitStar 請來他們想得到的最佳個人健身教練:健身名師暨美式足球聯盟(NFL)明星球員東尼‧岡薩雷斯(Tony Gonzalez)。他們請東尼拍了數百小時的影片,由他說明如何做各種健身運動,涵蓋所有的能力程度。而戴夫是有製作電子遊戲經驗的程式設計師,他創造了一些演算法,把東尼的健身影片編排成配合用戶個人需要的健身課。

他們因此創造出一種自動化的個人健身指導程式,可以提供配合用戶體能狀況和健身目標的健身課。用戶體能提升之後,健身課的難度也會相應提高。這個應用程式才剛推出,但 FitStar 希望先確定顧客了解這個程式的運作方式,然後再大力推廣。

但人們看來不了解該程式的特點。客製化和個性化健身指導的概念,看來沒有多少人明白。早期用戶多數以為

FitStar 的程式不過是一般的健身影片，一如電視廣告推銷的那種健身錄影帶和後來的 DVD。「用戶一旦抱持這種想法，就很難改變，」戴夫說。

到了衝刺計畫週的週三下午，麥克和戴夫已經想到改善程式初期使用體驗的一系列構想，包括在 App Store 提供更好的說明，以及在各項運動之間提供新的說明動畫。

遺憾的是，麥克最喜歡的構想看來無法做原型。他想拍東尼‧岡薩雷斯在用戶設定應用程式時，問用戶一些問題的影片。在現實中，如果你剛開始跟健身教練做運動，他就在你面前和你交談。麥克認為，若能安排東尼與程式用戶來回交談，就可以向用戶說明這程式能客製化到什麼程度。

但東尼並沒有參與我們的衝刺計畫。他當時正在美國的另一邊，替亞特蘭大獵鷹隊打美式足球。此外，一天時間根本不可能做出這個 iPad 應用程式的新版本。即使我們能做出新版本，也來不及在週五測試開始前於 App Store 上架。還有一天，顧客測試就要開始了，而我們的方案原型看來不可能做出來。

但我們其實只需要模擬。週四早上，我們把做原型必須完成的工作分派下去。戴夫打開他的筆記型電腦，開始撰寫

東尼介紹影片的腳本。麥克自願當東尼的替身，拍攝這段影片。他穿上健身服飾，用一部 iPhone 拍片，讀出戴夫撰寫的台詞。

軟體部分怎麼辦？ FitStar 來不及在週五的測試之前，重新編排應用程式，並把程式重新上架。但我們並不需要一個真實的應用程式。我們只需要一個看起來真實的應用程式。我們認為在 iPad 上執行 Keynote（蘋果的簡報軟體，類似 PowerPoint），是一個好方法。以全螢幕模式展示幻燈片，看起來就像在執行一個應用程式，期間甚至可以播放影片。

我們把分鏡腳本分成幾塊，每人負責一塊。我們以分鏡腳本和方案草圖為基礎，一幕接一幕地做出原型。我們在網路上找到一套模板工具，有逼真的 iPad 按鍵和圖標可以抄過來使用。我們加入取自 FitStar 真實應用程式的照片和插圖，讓我們的原型顯得更真實。再把麥克和戴夫提供的影片加入幻燈片中。

為了讓原型更逼真，我們在幻燈片演示的開頭加入 App Store 螢幕截圖，顯示 FitStar 的程式出現在健身類別，甚至展示程式安裝流程。所有幻燈片都準備好之後，約翰負責整合，確保幻燈片看起來是完整連貫的一套。

這一天結束前，我們做出了看起來就像真實軟體的原型──雖然我們根本沒做出任何軟體。FitStar 的原型一如老西部片中的建築物外觀：必須從某個角度看才能產生錯覺，而且錯覺只能維持幾分鐘。但這已經足以回答麥克和戴夫的衝刺計畫大問題：我們可以向新顧客更好地說明我們的應用程式嗎？週四之後，FitStar 已經準備好做顧客測試。

有些構想證實有用。麥克解釋程式的影片是有效的。顧客馬上就能用自己的話說明這個程式（「類似一種自動化個人健身程式」），而且願意付費購買（「我可以現在就登記使用嗎？」）。有一些構想則失敗了。在介紹程式的對話之後，有一段戴夫的影片。他穿著實驗室工作服，自稱是「Algo Rhythm 博士」，然後說明這程式的設計。但這時候用戶已經明白了（「我知道了」），而且已經準備好開始做運動。他們覺得 Algo 博士的介紹是多餘的，甚至是討厭的（沒有挑剔戴夫演技的意思）。

對 FitStar 來說，在市場上成功有賴優秀的產品品質。但在衝刺計畫中，產品原型只需要真實到足以回答關鍵問題，就已經成功了。他們只花了七個小時就做出一個原型，藉由測試得到必要的資料，辨明正確的做法，同時捨棄失敗的做法。

SLACK

問題：要向非科技業的用戶說明 Slack 這個軟體，最好的方法是什麼？

形式：兩個相互競爭的網站，包括一些有互動功能的軟體。

工具：Keynote、InVision（原型製作軟體）、真實的 Slack 軟體、真人演出

Slack 有兩個相互競爭的方案必須做原型。第一個是「堅強旅程」，一步步解釋 Slack 這個軟體。一如藍瓶咖啡的情況，這個方案可藉由看起來像一個網站的幻燈片演示來模擬，一點也不麻煩。

但另一個方案「Bot 團隊」則頗為棘手。這方案涉及一些電腦控制的 bot 程式，可以互傳訊息，甚至可以回應用戶輸入的訊息。為了達到逼真的效果，這些 bot 必須回應用戶的各種問題和評論，而這是幻燈片演示無法模擬的。

梅西提供了解決方案：我們可以扮演電腦控制的 bot。在測試期間，我們發訊息給用戶，並且像 bot 那樣，以不大聰明的方式回應用戶。當然，如果測試證明這方案是成功的，Slack 將會創造電腦軟體來控制 bot。他們絕不可能靠真人

向造訪 Slack 網站的每一位顧客發訊息，因為這麼做將需要成千上萬名員工！但衝刺計畫測試只涉及 5 名顧客，我們因此可以扮演電腦程式。

FOUNDATION MEDICINE

問題：腫瘤科醫師做治療決定時，需要哪些必要的資料？

形式：紙本醫學報告，只有第一頁有實質內容。

工具：Keynote、逼真的檢驗數據、印表機

稍早我們談過 Flatiron Health 這家公司，它處理的是安排癌症病人參與臨床試驗的複雜問題。GV 投資的另一家公司、以波士頓為基地的 Foundation Medicine，則是處理癌症治療的另一個問題——利用 DNA 分析，為病人提供療法建議。

2012 年，Foundation Medicine 已 經 開 發 出 名 為 FoundationOne 的測試法。該公司實驗室只需要分析單一組織樣本，就能為醫師提供一份報告，顯示與癌症有關的所有基因組變化，以及可以考慮的一系列療法。

這是開創性的測試技術。FoundationOne 的診斷提供豐富的資料，往往衍生意想不到的療法選擇。但這些資料也造成一個難題：資料可能多到無法處理，甚至連腫瘤科專家也難以應付。FoundationOne 的測試結果，早期是以紙本報告的方式提供；Foundation Medicine 的團隊決心盡可能把報

告編排得容易理解。他們因此和我們一起做一次衝刺計畫，藉此測試一些新構想。

衝刺計畫團隊決定集中精力做好紙本報告的首頁。醫師檢視測試結果時，最早看到的當然就是報告首頁。而且如果醫師很忙（腫瘤科醫師通常是這樣），他可能只有時間處理報告首頁的資料。Foundation Medicine 希望盡可能增加報告首頁的資訊量。

衝刺計畫團隊提出了測試報告的三個可能方案。這些方案要付諸實踐，需要好幾個月的實驗室工作，以及認真的品質保證工夫。畢竟醫學報告必須百分百準確。但在衝刺計畫中，我們只需要藉由報告原型，了解哪一個方案最有希望成功。我們不必符合真實報告必須達到的準確標準，也完全不必改變實驗室分析。這一切可以留待日後處理。眼下我們只需要注意腫瘤科醫師檢視報告首頁的那關鍵幾分鐘。

你可能已經猜到了：我們用 Keynote 來模擬 FoundationOne 報告。我們分為三組，每組兩人。每一組裡有一個人負責設計一張幻燈片，尺寸與 8.5 乘 11 吋的紙相同。（紙本原型只適合一種情況：你的最終產品是紙本的。）另一個人負責確保報告上的資料（基因組數據、建議療法，以及其他的腫瘤學細節）逼真和準確。

如果我們想得到腫瘤科醫師的真誠反應，報告上的資料必須顯得合理。當然，拿真實病人的資料來做測試是不道德的。不過，Foundation Medicine 手上有一些逼真但非真實、內部使用的測試結果。此外，衝刺計畫團隊裡有一些專家，必要時可以編出額外的逼真細節。

週四這天結束時，我們做出了三份報告原型。每一份只有一、兩頁，從 Keynote 中列印出來，以衝刺計畫之前的舊報告墊底——就像以一幅新做的外牆搭配老村莊背景。Foundation Medicine 在測試中向腫瘤科醫師出示這些報告原型時，它們看起來一如真實的報告。

SAVIOKE

問題：飯店房客對有個性的機器人會有什麼反應？

形式：真實的機器人加 iPad 觸控螢幕。

工具：Keynote、音效樣本庫、iPad、機器人、遙控工具、飯店客戶、真人演出

Savioke 的原型製作任務，是我們遇過最複雜的情況之一。我們當時要測試的，是 Relay 機器人遞送物品時的行為和個性，包括機器人臉上的觸控螢幕互動、它的動作、它的音效，以至自動化電話通知的時間和內容。當中涉及很多移動的東西，包括真的會動的機器人。

團隊遇到異常困難的原型製作任務時，往往也具備解決難題所需要的非凡技能和工具。Savioke 已經做出了一個機器人，而且已經具備測試所需要的多數功能。我們可以在既有基礎上做出我們的原型。這就像在風景迷人的「鬼鎮」拍電影，而不是在片場的外景區拍片。

不過，我們仍有四個原型要素必須在週四做好。首先是 Relay 機器人的快樂舞蹈。替這段舞蹈寫程式需要太多時間了，工程總監劉泰莎和工程師謝艾莉因此決定採用遙控技術。週四這天，她們用一個 PlayStation 控制器，練習控制

Relay 執行遞送物品的任務。

第二個難題是機器人的螢幕，但 Savioke 設計總監阿德里安‧卡諾索想出了辦法：以一台 iPad mini 暫代。機器人的眼睛和數種簡單的觸控螢幕互動可以用一些幻燈片模擬。

然後是機器人需要新的音效。阿德里安曾經是音效設計師，他戴上一副大型耳機，利用一個免費的音效樣本庫，開始工作。

最後，機器人到達客房時，我們必須模擬一通自動化的電話通知。這通電話未來將由追蹤機器人位置的精密軟體觸發。在週五的測試中，謝艾莉可以在看到機器人到達客房時，躲到一邊去打這通電話。她只需要用一種聽起來像電話錄音的不自然聲音講話。

多數團隊不可能在一天內做出一個可運作的機器人原型。但多數團隊不需要這麼做——因為他們根本不是身處機器人產業。Savioke 本來就已經做出了一個可運作的 Relay 機器人，因此具備做原型的堅實基礎。他們必須克服一些困難，替機器增添一些東西，但他們具備完成任務所需的工程和設計技能。週四這天結束時，Relay 機器人既能跳舞和吹口哨，還懂得微笑。

ONE MEDICAL GROUP

問題：主要替專業人士看診的診所，可以轉型為適合有
孩子的家庭嗎？

形式：一家診所，只做一晚的測試。

工具：診所、診所職員、香蕉、蠟筆

One Medical 是一家胸懷大志的公司，希望能為所有人
提供更好的醫療服務。該公司的業務開展得很好，在美國建
立了一個基礎醫療診所網絡，涵蓋舊金山、紐約、波士頓、
芝加哥、華府、鳳凰城和洛杉磯等地。當天預約、藉由行動
應用程式提供治療、病人獲得更長時間的照顧，以及漂亮的
診所內部裝潢，替 One Medical 贏得成千上萬名忠實的顧
客。

這些顧客多數是熟悉科技應用的年輕專業人士，也就是
那種會認為「藉由行動應用程式提供治療」是個好主意的人。
這個客戶群快速成長，但 One Medical 希望能服務更多類型
的病人。因為許多顧客開始生兒育女，該公司認為明智的下
一步，是為兒童和青少年提供服務，也就是服務既有顧客的
子女。

One Medical 希望自己的診所能同時服務小孩和成年

人。該公司已經有很多受過家庭醫學訓練的醫師。不過,在開設新的綜合診所之前,他們希望確保病人能得到很好的就醫體驗。

一整間診所該如何做原型呢?一如 Savioke 和 Slack,One Medical 利用既有資源作為原型的基礎。One Medical 設計副總裁克里斯·華歐(Chris Waugh)想出一個方案:找一個晚上,把公司一家既有診所改裝成家醫診所,找一些顧客來做測試。

下午六點,One Medical 在舊金山的海斯谷(Hayes Valley)診所關門了。克里斯和他的團隊開始工作。他們有一些想法,希望能把診所佈置得既保留成年人喜歡的精緻美學品味,又能提升對兒童的吸引力。

他們帶來蠟筆和紙,佈置了香蕉、蘋果、水果吧和椰子水。他們還帶來一個裝滿玩具的百寶箱,但為了避免接待室顯得太孩子氣,把它藏在辦公桌後面。現場有兩名家醫醫師,還有兩名 One Medical 員工負責接待室。每個人都有必須遵循的腳本。原型測試馬上就要開始了。

孩子們來了。克里斯找了五個家庭配合測試。測試馬上出現狀況:海斯谷診所門口有一小道門檻,輪椅不難通過,

但嬰兒車則不容易。「有小孩幾乎彈出嬰兒車外，」克里斯說。

意料之外的第二件事，是嬰兒車裡裝了很多東西。「這些家庭有備而來。他們帶了玩具、備用的衣物，還有零食。他們帶來兄弟姊妹、祖父母和保姆。」接待室本來是為了單獨求診的成年人而設計的，現在變得相當擁擠。One Medical 團隊認識到，家醫診所接待室的設計必須稍微改變。

One Medical 團隊也低估了前台人員的重要性。小孩進入診所會緊張不安。診所是個新地方，而小孩會聯想到接受疫苗注射的疼痛經驗。「我們很幸運。參與測試的 Taleen 和 Rachel（One Medical 的兩名診所經理）隨機應變，熱情歡迎孩子們，讓他們感到安心。這不在腳本的安排之中，但救了這次測試。」

檢查室也有問題。一般檢查室會有一張檢查床和旋轉椅，One Medical 則安排醫師坐在一張桌子後面，希望有助醫師與病人比較自然地交談。但檢查室裡有小孩時，桌子就成為一種障礙。「那些小孩碰到什麼都觸摸一番，他們打開了桌子的每一個抽屜。」

不過，這些小孩覺得好玩。因此，桌子看來不是大問題。克里斯和他的團隊接著訪問這些家庭，發現被檢查室的佈置困擾的主要是家長而不是小孩。這些家長本身需要醫師的安撫，但檢查室的混亂情況造成溝通障礙。這一點相當微妙，但對安撫家長非常重要。好在問題很容易解決。

　　幾個月後，One Medical 開了第一家家醫診所。他們可以在同一個地點服務成年人和兒童，可以安排公司的家醫醫師駐診。新診所的接待室比較寬敞，檢查室裡沒有造成不便的桌子，並且門口也沒有門檻。

CHAPTER 14

原型

在衝刺計畫週中，週四這一天有點特別。每一個原型都是獨特的，我們因此沒有精確的逐步程序可以分享給大家。不過，在做過上百個原型之後，我們發現，有四項作業總是可以幫助我們走對路：

1　選對工具
2　分工解決
3　整合方案
4　做一次試運轉

我們將解釋為什麼每一項作業都是重要的，並說明我們是怎麼做的。

首先，我們必須談一下你們的工具，也就是你的團隊每天使用的設備和儀器，那些他們用來替顧客創造優質體驗的軟體、流程和方法。你們很可能面臨一個難題：這些工具不能用來做原型。

　　真遺憾。無論你是跟設計師、工程師、建築師、行銷人員還是其他創作型專業人士合作，無論你們是要經營一家商店、服務客戶還是製作實體產品，你的團隊日常使用的工具很可能不適合用來做原型。

　　這些日常工具的問題，在於它們太完美了——而且太慢了。記住：你們的原型不是真實的產品，只需要看起來真實。不必擔心供應鏈、品牌準則或銷售訓練。你們不必每個細節都做到完美。

　　好消息是：我們不久前也面對同樣的問題。我們是軟體（例如應用程式和網站）設計師，因此很習慣使用 Photoshop 之類的工具，以及 HTML 和 JavaScript 等程式語言。然後我們發現了 Keynote。這是一種簡報軟體，是用來做幻燈片的，但我們發現它是近乎完美的原型製作工具。Keynote 提供易用的版面設計工具，因此可以很快做出相當好看的東西。它以「幻燈片」為中心組織內容，很像分鏡腳本中的一個個鏡頭。你可以置入文字、線條和圖形；貼上照

片和其他圖像；然後加入可點擊的熱點、動畫和其他互動功能。必要時，你甚至可以置入影片和音效。

我們知道你可能覺得難以置信，但我們90%肯定你應該使用 Keynote 來做原型。我們甚至不知道你要做什麼原型，那為什麼可以這麼肯定呢？問得好。當然，我們無法百分之百確定——但我們做過一百多次衝刺計畫，而 Keynote 只有幾次沒能滿足需求。

（對了，如果你使用微軟的視窗系統，PowerPoint 也是做原型的好工具。它是沒有 Keynote 那麼好用，但你很容易就能在網路上找到一些範本庫，可以借助其內容，用 PowerPoint 做出逼真的原型。）

當然，在多數衝刺計畫中，我們做的是軟體產品（例如應用程式和網站）的原型。我們利用 Keynote，做出這些原型的個別螢幕畫面。有時我們以全螢幕模式展示幻燈片，而這麼做的效果已經夠好了。有時我們則用專門的原型製作軟體（沒錯，確實有這種東西！），把那些螢幕畫面串起來，然後用網路瀏覽器或手機載入它們。*

---

* 因為軟體汰換得很快，請上 thesprintbook.com，我們會提供最新、最好的原型製作工具的連結。

但有時我們的原型不是軟體。稍早我們提到癌症診斷公司 Foundation Medicine，其產品是紙本的醫學報告。我們就用 Keynote 設計報告，印出來給腫瘤科醫師看。（這種紙本原型是有道理的。）

　　如果是要做實體產品的原型，Keynote 就沒那麼好用了。你可能要用到 3D 印表機，或是修改現行產品。不過，許多硬體裝置會有軟體介面。例如在 Savioke 的衝刺計畫中，我們的原型就涉及把一台 iPad 裝到機器人身上。這台 iPad 上面有什麼呢？ Keynote。它就是這麼好用。

　　此外，在許多實體產品的衝刺計畫中，你可能根本不必實際做出產品原型。我們愛用的便捷方法之一，是「宣傳冊原型」（Brochure Façade）：不做產品的原型，而是製作推銷產品的網站、影片、宣傳冊或幻燈片的原型。畢竟許多購買決定是在看過線上資料或聽過推銷後做出的（至少是受到很大的影響）。要了解顧客對產品的承諾有何反應，這種行銷材料是很好的初步工具 —— 你可以了解產品有哪些賣點是重要的，以及價格是否合宜，諸如此類。你知道嗎：Keynote 是製作這種行銷材料原型的絕佳工具。

　　我們不是萬事通，並非所有東西都知道如何做出很好的原型。此外，Keynote 也並非總是很好的工具，尤其是如果

你處理的是工業產品或面對面的服務（例如 One Medical 的家庭診所）。不過，多年來我們學到了一些便捷的方法。以下是有助你挑選適當工具的簡易指南。

選對工具

如果你不確定怎麼做你的原型，請參考以下指引：

- 如果原型在**螢幕**上（網站、應用程式、軟體等等），請使用 Keynote、PowerPoint，或做網站的工具如 Squarespace。
- 如果原型是**紙本**（報告、宣傳冊、傳單等等），請使用 Keynote、PowerPoint，或文字處理軟體如 Microsoft Word。
- 如果原型是某種**服務**（顧客支援、客戶服務、醫療等等），請寫**腳本**，然後安排衝刺計畫團隊成員當**演員**。
- 如果原型是實體空間（商店、辦公樓大廳等等），請找一個**既有空間**加以改裝。
- 如果原型是某種**物件**（實體產品、機器等等），請找某個**既有物件**加以改裝、**用 3D 印表機印出原型**，或是用 Keynote 或 PowerPoint，配合該物件的照

片或示意圖，**做出行銷材料的原型。**

一天就要做出原型，聽起來是可怕的任務，但如果你能組織多元人才的衝刺計畫團隊，你的團隊將具備所有的必要技能。大部分工作很可能是由少數幾個人完成，但我們一再發現，每個人都可以有所貢獻。選好工具之後，是時候分配一些工作了。

分工解決

促進者應該幫衝刺計畫團隊分配以下工作：

- 製作者（Maker），至少 2 名
- 整合者（Stitcher），1 名
- 寫作者（Writer），1 名
- 資料蒐集者（Asset Collector），至少 1 名
- 採訪者（Interviewer），1 名

製作者負責創造構成原型的元件（例如螢幕、頁面、原型某部分）。他們通常是設計師或工程師，但也可以是衝刺計畫團隊中任何一個希望感受創造力流經自己雙手的人。

週四這天至少需要兩名製作者。我們之前講過製作機器人、醫學報告和影片原型的故事，你可能會覺得動手做原型很困難，但請記住，你的衝刺計畫團隊成員，很可能已經具備做原型所需的技能。

整合者負責向製作者收集元件，然後「無縫地」把它們整合起來。整合者通常是設計師或工程師，但某些形式的原型，是任何人都可以當整合者的。優秀的整合者很重視細節。他通常會在週四早上為大家提供一些風格指南，然後隨著製作者完成工作，在下午開始整合元件。

每一個衝刺計畫團隊都需要一名**寫作者**，這是最重要的角色之一。我們在第 9 章（第 147 頁）講過，文字對方案草圖非常重要。本章稍早，我們也提到，原型必須看起來像真的一樣。如果文字顯得不真實，你將無法做出逼真的原型。

如果你們是在某個科學、技術或專門領域，則專注的寫作者將格外重要。想想 Foundation Medicine 的癌症基因診斷報告原型：不是隨便找個人就能寫出醫師會覺得真實的文字，我們因此在衝刺計畫期間仰賴一名有相關專長的產品經理當寫作者。

衝刺計畫團隊週四需要至少一名**資料蒐集者**。這不是什

麼有魅力的角色，但對於快速做出原型十分關鍵。你們的原型很可能需要一些不必從頭製作的照片、肖像或內容樣本。資料蒐集者將搜尋網路、圖像庫、公司的產品或其他想得到的地方，尋找可用的材料。這可以加快製作者的工作速度，如此他們就不必親自去尋找原型所需的全部材料。

最後，你們還需要一名**採訪者**，他將利用原型成品，在週五做顧客訪問。採訪者週四應該寫好一份訪問腳本。（我們將在第 16 章詳細討論這個腳本的結構。）採訪者最好不要參與製作原型，以免對週五的測試投入感情，以致訪問期間對顧客流露出欣喜或受傷的感覺。

分配了角色之後，你們應該把分鏡腳本涉及的工作分派下去。假設你們的分鏡腳本是這樣的：顧客看到廣告，因此造訪你們公司的網站，然後下載你們的應用程式。你們可以指派一名製作者把廣告做出來，另一名製作者做出模擬網站，第三名製造者負責應用程式的下載頁面。

別忘了非常重要的開場──核心體驗開始前，顯得真實的一刻。一如原型的每一部分，你必須指定一名製作者和一名寫作者負責開場。在藍瓶咖啡的例子中，開場是一篇《紐約時報》的文章，因此需要有人寫出一篇逼真的文章。（我們不夠格競逐普立茲獎，但杜撰一篇短文並不是那麼難。）

分配充裕的時間給開場，讓它顯得可信、替原型開個好頭是非常重要的。不要花半天的時間做開場，但請設法確保它是可信的。

原型各部分接近完成時，整合者開始做事了。他要負責確保原型是個一致的整體，每一步都盡可能地真實。

在 FitStar 的衝刺計畫中，約翰是整合者。為確保一致性，他把每個人的 Keynote 幻燈片貼到同一個檔案裡，然後調整字型和顏色，讓那些幻燈片看起來像一個真實的應用程式。為了增強真實性，他在註冊頁面加入 iPad 螢幕鍵盤的截圖，讓它看起來像是有用戶在輸入資料。

整合

整合者將確保整個原型之中，日期、時間、名字和其他內容並無矛盾。不要在某處提到 Jane Smith，然後在另一個地方卻變成 Jane Smoot。檢查是否有錯字，改正明顯的錯誤。小錯可能提醒顧客：你們看到的是假產品。

整合工作可以有多種形式，但無論你們做的是什麼原型，整合者是個關鍵角色。你們把工作分配下去後，很容易

忘了監測整體情況。整合者將負責確保一切順利。週四這天，他可能希望不時檢查進度，了解原型各部分看起來是否一致。整合者如果發現還有額外工作要做，應該果斷要求衝刺計畫團隊成員幫忙。

試運轉

衝刺計畫團隊最好能在下午三點左右做原型的試運轉，以便有足夠時間糾正錯誤和修補漏洞。請所有人暫停工作，聚在一起，然後請整合者排演整個原型，邊演邊解釋。

在這過程中，你應該查對分鏡腳本，確保每一幕都出現在原型中。試運轉也是重溫衝刺計畫問題的好時機：這是你們最後一次檢查衝刺計畫問題，目的是確保原型有助於你們找到答案。

試運轉的主要觀眾，是週五將訪問顧客的採訪者。採訪者必須熟悉原型和衝刺計畫問題，以便從訪問中得到最多有用資料。（我們將在下一章說明如何做這種訪問。）不過，觀看試運轉對整個衝刺計畫團隊都有好處。如果決策者沒有全程參與衝刺計畫，這是他現身的另一個好時機。決策者可以確保一切都符合他的期望。

在日常工作中，我們很少遇到這樣的日子：我們肩負重要任務，遵循一個精確的行動方案，在一天結束時完成了任務。週四就是這樣的日子，你們會覺得非常滿足。完成原型時，如果你開始想著何時能再來一次呢，不要對此感到意外。

星期五
Friday

衝刺計畫始於一項大挑戰和一個傑出的團隊──沒有很多其他東西。當衝刺計畫週來到週五，你們已經研擬出有希望的方案，選出其中的最佳方案，並且做出了逼真的原型。光是這樣，已經是收穫豐富的一週。但你們將在週五再進一步，訪問顧客，並觀察他們對原型的反應，從中學習。週五的測試確立整個衝刺計畫的價值：測試完成後，你們就會知道自己還有多遠的路要走，以及下一步該做什麼。

CHAPTER 15
小數據

1996 年 8 月某天傍晚,出版業者奈傑爾‧紐頓(Nigel Newton)離開他位於倫敦蘇活區(Soho)的辦公室,帶著一疊紙回家。其中有 50 頁是某本著作的手稿,紐頓必須決定是否出版這本書。不過,他對這本著作不抱很大的期望,因為已經有八家出版社拒絕出版該書。

那天晚上,紐頓沒有看這些手稿。他把它交給他 8 歲的女兒愛麗思。

愛麗思看了。約一個小時後,她從她的房間回來,臉上滿是興奮的神情。她說:「爸,這比其他東西好看太多了。」

愛麗思滔滔不絕地談這本書。她希望把它看完,為此纏了她爸爸好幾個月,直到他找到手稿餘下部分。紐頓看到女

兒如此堅持，便與該書作者簽了條件很一般的合約，首刷只印 500 本。這本差點無法出版的書，就是《哈利波特：神秘的魔法石》（*Harry Potter and the Philosopher's Stone*）。*

愛麗思並沒有分析《哈利波特》的潛力。她沒有考慮書封美術、銷售通路、電影授權或主題樂園。她只是看了手稿，有所反應。成年人試圖預料兒童的想法，但經常搞錯了。愛麗思沒搞錯，因為她就是個小孩，而她父親也夠聰明，願意聽她的話。

———

紐頓拿《哈利波特》的手稿給愛麗思看，因此得以瞥見未來。他在還未簽約出版這本書時，看到一名目標讀者對該書的反應。在衝刺計畫週的星期五，你們也將經歷類似的情況：你們會在還沒有下決心投入大量資源執行方案時，看到目標顧客對方案的反應。

週五是這麼運作的：衝刺計畫團隊中將有一個人擔任採

---

* 在美國，這本書以 Harry Potter and the Sorcerer's Stone 為書名（sorcerer 為魔法師），因為 philosopher（哲學家）在美國市場顯得太呆了。

訪者，他會逐一訪問 5 名目標顧客。他將安排每一名目標顧客借助原型完成一件事，然後問幾個問題，了解顧客與原型互動時在想什麼。在此同時，衝刺計畫團隊其他成員則在另一個房間裡，觀看顧客訪問的現場直播，留意顧客的反應，並做一些筆記。

▌ FitStar 團隊觀看顧客第一次使用他們的原型。

這種訪問容易讓人情緒大起大落。如果顧客被你們的原型弄糊塗了，你們會感到沮喪。如果顧客毫不在乎你們的新構想，你們會很失望。但如果顧客完成了一件困難的事，明白你們好幾個月以來試圖解釋的東西，又或者選擇你們的方案而非對手的，你們將欣喜不已。完成 5 個訪問之後，你們將不難看出顧客反應的形態。

我們知道，找這麼小的顧客樣本做測試，可能讓人感到不安。只訪問 5 名顧客，值得做嗎？這種測試的結果有意義嗎？

本週稍早，你們審慎篩選了 5 個符合目標顧客條件的人參與週五的測試。因為你們找對人做訪問，我們確信你們可以相信他們的話。我們也確信只訪問 5 名目標顧客，已經可以得到很多有用的資料。

5 是神奇數字

雅各‧尼爾森（Jakob Nielsen）是用戶研究專家。在 1990 年代，他開創了網站可用性（website usability）研究（研究如何設計出方便使用的網站）。尼爾森在工作中監督過數以千計的顧客訪問，有天他想到一個問題：要辨識最重要的形態，需要訪問幾個人？

尼爾森因此分析他自己做過的 83 次產品研究。[*]他把 5 個、10 個、20 個訪問之後發現多少個問題畫成圖。結果相當穩定，而且出人意表：訪問 5 個人之後，已經可以觀察到 85% 的問題。

訪問更多人並不能產生很多新發現，但卻要多做很多工

---

* 資料來源：Nielsen, Jakob, and Thomas K. Landauer, "A Mathematical Model of the Finding of Usability Problems," Proceedings of ACM INTERCHI'93 Conference (Amsterdam, 24–29 April 1993), pp. 206–13.

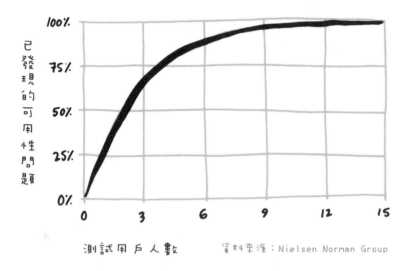

已發現的可用性問題 / 測試用戶人數

資料來源：Nielsen Norman Group

夫。「這種研究很快就到達報酬遞減點，」尼爾森總結道。「在同一個研究裡，訪問 5 個人之後，做更多訪問產生的貢獻很少，投資報酬率像石頭一樣快速下跌。」尼爾森意識到，與其花很多時間去找出餘下的 15% 問題，還不如先處理已經發現的 85% 問題，然後再做測試。

　　我們在自己的測試中也觀察到同樣的現象。到第 5 位顧客時，我們往往只是在確認之前四個訪問中出現過的形態。我們試過找更多顧客做測試，但一如尼爾森所言，這根本不值得。

記得 One Medical 家醫診所原型的門檻嗎？在看到兩個小孩幾乎彈出嬰兒車之後，問題已經很明顯了。衝刺計畫團隊不必再蒐集一千個資料點，然後才去糾正問題。接待室擁擠，以及檢查室裡的桌子，也都是如此。如果 5 個人中有 2 至 3 人有同樣的強烈反應（無論好壞），你們都應該注意其中的情況。

5 也是個方便操作的數字。你們可以在一天裡安排 5 個一小時的訪問，每次訪問之間有時間休息，最後還有時間總結討論。

9:00 a.m.	**訪問 #1**
10:00	休息
10:30	**訪問 #2**
11:30	提早午休
12:30 p.m.	**訪問 #3**
1:30	休息
2:00	**訪問 #4**
3:00	休息
3:30	**訪問 #5**
4:30	總結討論

藉由這種緊湊的安排，整個衝刺計畫團隊得以一起觀看

顧客受訪，直接加以分析。也就是說，你們不必等待結果，也不必事後才考慮如何理解顧客的反應。

一對一的訪問是了不起的便捷方法。你們可以藉此遠在實際做出產品（並因此愛上產品）之前，測試產品原型（只是產品逼真的外觀）。這方法只需要一天就可以提供有意義的結果，而且可以提供大規模量化資料幾乎不可能提供的重要洞見：為什麼某些做法可行（或不可行）？

知道「為什麼」非常重要。如果不知道產品或服務為什麼不可行，你將很難糾正問題。如果 One Medical 在家醫檢查室裡放了一些桌子，帶小孩來看病的家長將覺得受挫。但是，這其中的問題可能不容易釐清。藉由邀請一些家庭來體驗診所原型並訪問他們，One Medical 了解到家長不悅的原因：家長需要醫師的安慰，檢查室裡的桌子造成干擾，因此容易讓他們煩躁。如果你只能拿到統計數據，你將必須猜測顧客的想法；但如果能訪問顧客，你可以直接問他們。

這些訪問不難做，不需要特殊技能或設備。你們不需要行為心理學家或眼動儀，只需要友好的態度、適度的好奇心，以及在自己的假設證實出錯時願意接受事實。下一章將說明如何做訪問。

CHAPTER 16
訪問顧客

　　麥可・馬格里斯非常健談。他臉上常帶著微笑,會問很多問題:你會覺得他真心想了解你的生活、工作和各種活動。你要到事後才意識到,對話過程中你一直在講話,結果對他所知極少。

　　麥可的友善態度和好奇心是由衷的,但他的交談技巧卻不是天賦的能力。他是 GV 的研究合夥人。你看他訪問顧客(我們看過數百次),會意識到他的技術是練出來的。從他組織問題的方式到他的肢體語言,一切都有助受訪者誠實表達自己的想法。

　　麥可替各式各樣的公司做研究已超過二十五年,曾服務藝電(Electronic Arts)、美國鋁業、昇陽(Sun Microsystems)、美泰克(Maytag)、聯合利華

（Unilever）、Walmart.com 和 Google。自 2010 年起，他在 GV 工作，協助我們投資的新創公司。

近年來，麥可調整了他的研究方法，提升速度至符合新創公司的需求，而且讓這些公司的員工也能學會這些方法。麥可曾指導產品經理、工程師、設計師、銷售人員和無數其他人訪問顧客。所有的人都能做到，連執行長也不例外。

本章將揭露麥可的一些秘訣。週二時，你們已經學到他招募理想目標顧客的便捷方法（見第 168-173 頁）。在這一章，你們會學到如何訪問顧客。這種訪問有助於了解使用你們產品的人、你們的方案隱藏的問題，以及各種問題背後的原因。

無論是訪問哪一種類型的顧客、測試哪一類型的原型，麥可都是使用同一套基本方法：五幕式訪談（the Five-Act Interview）。

五幕式訪談

這種結構式訪談有助客戶自在地受訪，取得一些背景資料，並確保整個原型都得到檢視。五幕式訪談是這樣的：

1　友善地歡迎受訪顧客，開個好頭
2　藉由連串的開放式、一般背景問題了解顧客
3　介紹原型
4　一些具體操作，藉此了解顧客對原型的反應
5　快速的總結討論，藉此記錄顧客的整體想法和印象

　　週五的工作分兩個房間執行。在衝刺計畫室裡，衝刺計畫團隊一起觀看顧客訪問的視訊直播。（這當中毫無鬼祟之處，因為你們會事先告知顧客，並得到他們的同意。）訪問本身則是在我們稱為「採訪室」、比較小的另一個房間進行。

　　這一天的工作不需要特別的設備。我們使用一般的筆記型電腦，加上網路攝影機，以簡單的視訊軟體把訪問現場的

影音傳送到衝刺計畫室。這種安排適用於網站原型，但也適用於行動裝置、機器人和其他硬體——只要把網路攝影鏡頭對準要拍的東西就行了。

▌麥可‧馬格里斯在做訪問。他坐在受訪顧客旁邊，但給對方充裕的空間。網路攝影機把顧客的反應傳送到衝刺計畫室。

　　採訪者和受訪顧客有時身處另一棟大樓、另一個城市，或是在某種工作現場（麥可曾在醫院、飯店和卡車停車場做訪問）；但因為衝刺計畫團隊看的是視訊直播，所以這是沒關係的。真正重要的是採訪者與顧客在一起，自在地面對面交談。這種訪問不是群體作業，只是兩個人的對話。衝刺計畫團隊可以派出一人負責整天的訪問工作，也可以由兩人輪

稍微複雜的情況：測試行動應用程式或硬體時，我們使用連結筆記型電腦的文件攝影機（document camera），把現場視訊傳送到衝刺計畫室。

流訪問顧客。（因為你們要找的是顯著的大形態，不必擔心這種小變動「玷污」了數據。）

第一幕：友善的歡迎

人必須覺得自在，才能開放、誠實和批判地陳述己見。因此，採訪者必須做的第一件事，是歡迎受訪顧客，讓他覺得自在。也就是說，採訪者必須友善地招呼受訪者，閒聊一

下天氣也不錯，而且應該經常微笑。（如果你心情不好不想笑，可以聽聽小理查〔Little Richard〕唱的〈不停敲門〉〔Keep A-Knockin'〕，放鬆心情迎接訪問工作。）

顧客在採訪室舒服地坐好之後，採訪者應該說類似這樣的話：

謝謝你接受訪問！我們一直致力改善產品，而你的誠實意見對此非常重要。

這次訪問是很輕鬆的。我會問很多問題，但我不是要考驗你，而是要測試這個產品。如果你被弄糊塗了，又或者被困住了，那不是你的錯。這其實有助於我們找到必須糾正的問題。

我會先問一些背景問題，然後向你說明我們正在做的一些東西。在我開始問之前，你有任何問題嗎？

採訪者也必須詢問顧客，是否同意訪問過程錄影並播放給其他人看，且務必請顧客在公司律師堅持使用的法律文件上簽名。（我們使用一份簡單的一頁表格，內含保密、錄影許可和發明轉讓條款。這種表格也可以在訪問開始前，以電子方式簽署。）

第二幕：背景問題

講過開場白之後，你會很想馬上拿出原型。別急。你應該先問一些問題，了解顧客的生活、興趣和活動。這些問題不但有助於建立良好關係，還可以提供背景資料，幫助你理解顧客的反應。

要提出背景問題，最好從閒聊開始，然後過渡至與衝刺計畫有關的個人問題。如果你做得好，顧客甚至不會察覺到訪問已經開始，因為你們像是很自然地在聊天。

在 FitStar 的衝刺計畫中，我們知道，了解顧客的運動習慣是有用的。麥可的背景問題大概是這樣：

「你做什麼類型的工作？」

「你做這種工作多久了？」

「你不工作時會做什麼？」

「你如何顧好身體？保持好身材？保持活力？」

「你是否使用應用程式、網站或其他東西，幫助你健身？你實際上使用什麼？」

「你希望它們能替你做些什麼？你喜歡它們哪些方面？不喜歡哪些方面？你付錢購買嗎？為什麼願意花錢？為什麼不願意？」

你可以看到，麥可先以一般問題打開話題（「你做什麼類型的工作？」），再轉到健身這個話題（「你如何顧好身體？」）。他每問一個開放式問題，都會以微笑、點頭和眼神接觸鼓勵對方回答。

這些背景問題至少可以讓顧客比較自在，更願意配合。顧客的回答，往往也有助於了解你們的產品或服務是否符合顧客的生活需求——或許也能從中了解顧客怎麼看你們的競爭對手。在 FitStar 的訪問中，我們了解到顧客使用健身影片和雇用個人教練的經驗，以及他們旅行時怎麼做運動——全都是有用的資料。

第三幕：介紹原型

現在是原型出場的時候了。麥可的開場白是：

「你願意看一些原型嗎？」

他藉由尋求顧客的許可，強化了地位關係：是顧客在幫他的忙，而不是反過來；接受測試的是原型，而不是顧客。此外，以下這段話也很重要：

「這裡面可能有些地方無法正常運作。你遇到這種情況時，我會告訴你。」

當然，如果你們週四做出品質「剛剛好」的原型，顧客開始試用後，將會忘記它不是真的。不過，以這種方式介紹原型，可以鼓勵顧客直率地表達意見。先說明這是原型，也有助減輕採訪者的負擔：萬一原型出現故障，又或者顧客遇到進退兩難的情況（兩者都很可能發生），採訪者將不會那麼尷尬。

採訪者應該提醒顧客，你們在測試的是原型，而不是顧客：

「你提供的意見，無所謂對錯。因為這原型不是我設計的，你批評它不會讓我覺得受傷，你稱讚它也不會讓我很開心。事實上，坦率、真誠的回饋對我們最有幫助。」

這句「原型不是我設計的」很重要，因為如果顧客知道採訪者並未投注感情在原型上，他們比較能直言不諱。因此，採訪者週四最好不要參與原型的製作——但即使他參與製作，最好還是宣稱「這不是我設計的」。別擔心，我們不會揭穿你。

採訪者也應該提醒顧客隨時說出心中所想：

「在這過程中，請說出你心裡的想法。告訴我你想做什麼，以及你認為可以怎麼做到。如果你被弄糊塗了，又或者有不明白的地方，請跟我說。如果你看到喜歡的東西，也請告訴我。」

顧客若能這麼做，訪問效果會特別好。能看到顧客試用原型時哪裡遇到困難、哪裡特別順利，當然是有用的，但能聽到他們在這過程中的心聲，則是更加寶貴。

第四幕：提示和操作

在現實中，你們的產品將是「獨立的」：人們將自行發現它、評估它、使用它，不會有你在一旁引導他們。在訪問期間，要求目標顧客做逼真的操作，是模擬這種現實經驗的最好方法。

適當的操作指示，有如尋寶遊戲的提示——如果你直接說出該去哪裡和做什麼，那將相當無趣（對測試原型也無益）。顧客最好能自行摸索出如何使用原型。例如在FitStar 的測試中，我們是這樣提示顧客的：

「假設你在應用程式商店看到 FitStar，你如何決定是否要試用？」

這個簡單的指示促使顧客閱讀和評估 FitStar 這個應用程式的說明，安裝它並開始試用。「你如何決定……？」這種說法促使顧客做出自然的反應。

如果麥可具體指示每一步（「安裝這個應用程式。登記使用。現在輸入你的名字。」），我們可以了解的情況反而少得多。開放式指示可以造就有趣的訪問。過度具體的指示，對顧客和衝刺計畫團隊都太無趣了。

顧客做這些事時，採訪者應適時提問，幫助他說出自己的想法：

「這是什麼？有什麼用處？」
「你對那東西有什麼想法？」
「你估計那可以產生什麼作用？」
「你看著這裡時，想到什麼？」
「你在找什麼？」
「你接下來將做什麼？為什麼？」

這些問題應該容易回答，而且並不嚇人。採訪者只是試

著協助顧客持續前進，並說出心裡的想法，而不是急著找到正確的答案。

第五幕：快速的總結討論

最後是問幾個問題，總結這場訪問。每一場訪問你都會看到和聽到許多東西，要從中選出最重要的反應和得失，可能並不容易。你做總結提問時，顧客可以幫助你過濾你聽到的一切。

以下是麥可的一些總結問題：

「比起你在使用的東西，你覺得這產品如何？」
「這產品有哪些方面是你喜歡的？哪些方面是你不喜歡的？」
「你會怎麼向朋友描述這產品？」
「如果你可以許三個願改善這產品，你的願望是什麼？」

別擔心，問最後一個問題，並不代表你們把產品規劃交給顧客去做。這個問題只是有助顧客清楚表達他們的想法。至於如何解讀和應用訪問結果，決定權仍在你們手上。

如果你在訪問中測試兩款或更多原型，你應該回顧一下每一款原型（藉此喚起顧客的記憶），然後問類似這樣的問題：

「比較這幾款產品，你覺得如何？它們各有什麼優缺點？」

「你會選擇這些產品的哪些部分，組合出更好的新產品？」

「你覺得哪一款更好用？為什麼？」

就是這樣。訪問結束時，採訪者感謝顧客，送出禮券，然後送他離開。

在整個過程中，採訪者應該持續投入對話。他應該鼓勵顧客講話，同時保持中立（講「嗯」、「啊」之類，而不是「非常好！」、「做得好！」）。採訪者不必做筆記，因為衝刺計畫室中的人會做。

當然，我們不期望採訪者記住每一條問題和訪談的每一幕。週四其他人在做原型時，採訪者可以擬好訪談腳本。週五時，他可以把腳本印出來，在訪談過程中使用。腳本不但可以讓訪談變得比較容易進行，還能維持訪談的一致性——這有助衝刺計畫團隊在這一天中辨識出重要形態。

有關訪談的力量，我們非常喜歡的一個故事，來自我們的設計師朋友喬·傑比亞（Joe Gebbia）。2008 年，喬和一些朋友創立了一家新創公司。他們認為自己的構想非常了不起，可以開創一個新的線上市場。他們設計了一個網站，然後花了好幾個月的時間改良，直到自己相當確定網站已經很理想。

但儘管如此努力，他們的新服務卻不受歡迎。他們吸引到幾名顧客，有一點營收，但業務未能成長，而且每週只有 200 美元的收入，連付租金都不夠。幾名創辦人希望能在資金耗竭之前扭轉困境，情急之下做了一件不尋常的事：他們停止技術工作，離開辦公室，找到幾名顧客，訪問他們。他們與顧客逐一會面，當場看著顧客使用他們的網站。

喬說，這些訪談「讓人痛苦，但又富啟發意義」。他回想當時的情況：「我們就像在打自己的頭。」他們發現，自己引以為榮的網站其實有很多問題，連一些簡單的操作（例如在日曆上選一個日子）也令人困惑。

回到辦公室之後，喬和他的創業夥伴花了一個星期，糾正了最明顯的問題，然後推出新版網站。營收很快倍增至每

週 400 美元，喬檢查了會計系統，確定不是系統出錯。營收真的倍增了。於是，他們又做了一輪訪談、又做了一輪改良工作。結果營收再度倍增，增加至每週 800 美元，然後是 1,600 美元、3,200 美元。成長一直持續下去。

這家新創公司就是 Airbnb。如今，這家線上租屋公司在 190 個國家逾 3 萬個城市提供服務，服務過逾 3,500 萬名顧客。結果證實 Airbnb 創辦人的構想確實了不起，但要有效執行這構想，他們必須做那些訪談。喬說：「我們的願景與顧客的感受有明顯的差距。為了實踐願景，我們必須訪問顧客，了解他們的想法。」

Airbnb 的顧客訪談，讓公司創辦人了解顧客怎麼看他們的產品，揭露出這些創辦人本身無法看見的問題。傾聽顧客的話，並不意味著拋棄願景，反而可以賦予他必要的知識，結合願景做出對顧客真正有用的產品。

我們不能保證顧客訪談可以讓你們像 Airbnb 那麼成功，但可以保證你們能在這過程中得到很多啟示。在下一章，我們將討論如何理解你們觀察到的東西：做筆記，找出形態，以及決定接下來怎麼做。

採訪技巧

如果你準備了五幕式腳本，你的訪談一定是有效的。不過，麥可還有一些技巧可以把訪談做得更好。

1 做個好主人

想像自己是受訪的目標顧客。你去到一棟陌生的大樓，要試用某些新產品（不確定是什麼），過程將由你剛見過的人看著。或許你幾個小時前還覺得這種安排毫無問題，但你現在卻不是那麼確定了。

採訪者是主人，顧客是客人。麥可會在訪談開始前，確保顧客覺得自在。他經常臉帶微笑，很注意自己的肢體語言。他會嚼薄荷糖，確保自己口氣清新。而且他總是先問一些旨在讓顧客覺得自在的問題。

2 問開放式問題

為了了解顧客的想法，必須小心避免問引導式問題。有些引導式問題很明顯，不難避開（我們相信你

不會問：「你喜歡這部分，對吧？」）。不過，有時候你可能會在無意間問了引導式問題。

假設你在訪問一位顧客，而他正在看你公司的網站。你想知道這位顧客怎麼想，以及他是否會登記個人資料，取得產品的試用版。

採訪者：你已經瀏覽過網站，現在是否已經準備好取得試用版？還是你還需要更多資料？

顧客：嗯，我想我需要更多資料……啊，這裡有一些常見問題。我來看看。

乍看之下，上述對話並沒有問題，但採訪者其實問了選擇式問題（「已經準備好取得試用版」vs.「需要更多資料」），影響了顧客的反應。採訪者假定顧客想做這兩件事中的一件。雖然相當困難，但採訪者應該盡可能避免問選擇式問題，因為它們本質上往往是引導式問題。

想像一下，如果採訪者問開放式問題，情況將會如何。

採訪者：你已經瀏覽過網站，現在你在想什麼？

顧客：我不知道，我的意思是……我覺得它可能不適合我的公司。

採訪者：為什麼呢？

顧客：（可能提出一些很有意思的原因。）

這是我們杜撰的對話，但類似情況我們實際上見過數十次。問開放式問題，比較可能得到顧客誠實的反應，也有較大的機會了解背後的原因。

你可能覺得這有點複雜，但麥可有關避免引導式問題的忠告，其實只有兩條規則：

不要問選擇式問題或是非題。

「你是否會……？」「你是否……？」「這是不是……？」

務必問「五個 W 和一個 H」問題。

「誰（Who）……？」「什麼（What）……？」「哪裡（Where）……？」「何時（When）……？」「為什麼（Why）……？」「如何（How）……？」

一如所有事情，這種提問一樣是熟能生巧。這裡

有個給採訪者的簡單訣竅：把一些「五個 W」問題寫進訪談腳本。

3 問不完整的問題

麥可‧馬格里斯是問不完整問題的高手。不完整的提問，是開口之後，在說出可能引導或影響答案的話之前，降低音量至完全靜默。

顧客：啊！

麥可：那麼，是……什麼……？（降低音量至完全靜默。）

顧客：嗯，我只是因為看到價格這麼高，覺得很意外。

麥可甚至並沒有真正問一個問題，就已經得到顧客誠實、有用的反應。而因為問題非常含糊，顧客不會感受到必須迎合麥可的壓力。

在上例中，顧客對某些東西有反應，但沒有說明是什麼。在此情況下，採訪者可能會很想問一個引導式問題，例如：「你是在看價格嗎？」但藉由不完

整的提問，你可以完全中立地鼓勵顧客說出心裡的想法。

有時候，保持沉默也可以得到有用的資訊。不要覺得自己一定要藉由講話避免靜默。有時你可以停下來觀察、等待和聆聽。

4 好奇心

我們有關如何成為優秀採訪者的最後一項忠告，不是一種技巧，而是一種心態。衝刺計畫團隊在週四必須處於「原型心態」，週五則必須進入一種「好奇心態」，尤其是採訪者。

採訪者要實踐好奇心態，必須對顧客和他們的反應展現出極大的興趣。你可以集中注意顧客言行中出人意表的細節，藉此培養好奇心態。記得問「為什麼？」永遠不要假定自己知道原因或妄下結論。每一次訪談之前，估量一下自己從顧客那裡得到的資訊會多有趣。利用肢體語言，讓自己顯得比較友善和樂於聆聽：微笑、身體前傾，不要交叉雙臂。好奇心是可以表現出來的，甚至是可以學的。

如果你想進一步學習顧客訪談技術（以及觀看麥可做訪談的影片），請上 thesprintbook.com。

CHAPTER 17

從中學習

　　舊金山週五早上八點半，Slack 衝刺計畫的最後一天。麥可安排了第一位顧客在早上九點受訪。衝刺計畫團隊成員逐漸進入衝刺計畫室，手上拿著一杯咖啡。我們調整了房間裡沙發和椅子的位置，好讓所有人能坐著面向房間前面的螢幕。布雷登把一部筆記型電腦接上螢幕，打開一個網路瀏覽器，加入麥可設置的視訊會議。

　　Slack 的衝刺計畫是希望處理一個大難題：Slack 這軟體不容易向潛在顧客說明。使用 Slack 的許多好處（改善溝通和團隊合作，減輕工作壓力），只能在團隊試用過程中認清。試用新軟體需要很多工夫，Slack 因此必須一開始就清楚說明產品的價值。

　　在週五之前，我們擬出了兩個要一決高下的方案。

Slack 產品經理梅西‧格雷思喜歡的方案名為「堅強旅程」，是說明 Slack 如何運作的逐步指南。Slack 創辦人暨執行長史都華‧巴特菲則喜歡「Bot 團隊」這個方案——安排顧客與一群電腦控制的角色（Bot）交談，藉此了解 Slack。你已經知道這個故事了，但還不知道故事的結局。

週五的目的，正是替衝刺計畫找到結局。你們將在這一天向受訪的顧客展示產品原型，觀察他們的反應，回答你們的衝刺計畫問題，然後擬定下一步的計畫。週五這一天，所有人都因為即將看到原型接受測試的情況而感到興奮，同時也有點緊張。衝刺計畫室前方的螢幕出現採訪室的情況時，大家便停止講話，靜了下來。

我們聽到採訪室那邊傳來的關門聲。麥可開始講話：「再次感謝您今天來幫忙。」然後我們看到第一名顧客坐下來，緊張地看著攝影鏡頭；麥可問了幾個暖身的問題之後，顧客開始放鬆下來。

麥可向顧客介紹我們的第一個原型。顧客有一陣子什麼都沒做，然後她身體前傾，抓住電腦滑鼠，開始講話。

週五像是一趟漫長的神秘旅程。你們會在這一天持續蒐集線索。有些線索有助你們解開難題，但有些線索則誤導你們。你們必須等到最後（下午五點左右），才能拼湊出完整的故事，得出明確的答案。

一如 Slack 的團隊，你們的衝刺計畫團隊也將一起度過週五。採訪者與顧客一起測試原型時，其他團隊成員則一起在衝刺計畫室裡觀看並做筆記。緊張工作的一週來到最後一天，衝刺計畫團隊可能會感受到回歸「正常工作」（電子郵件、開會，以及關鍵的茶水間交談）的壓力。但是，你們必須堅持一起奮鬥到最後，衝刺計畫才能成功。

一起觀看，共同學習

人人都有一種「超能力」，一種獨特的力量。軟體工程師的超能力是寫程式，行銷人員的超能力是設計行銷計畫。我們的超能力，則是在白板上貼便利貼。每個人總有某種特別擅長的技術：當你利用這種技術時，你很可能會覺得自己處於最高生產力的狀態。

你們可能會很想在週四結束時解散衝刺計畫團隊，好讓各人能回到發揮自身超能力的工作。這樣的話，採訪者將利

用他的訪談超能力，與顧客一起測試原型。我們曾經試過這種做法，結果是這樣：採訪者逐一訪問顧客——這沒問題。但是，採訪者不能一邊訪問顧客、一邊做詳細的筆記，因此他把訪談過程錄下來。訪談是週五做的，所以他最快也要週一才能看錄影。訪談了一整天，重溫訪談影片並理解整個過程也需要一整天。然後他必須再花數個小時，把他的發現寫成報告或做成簡報。現在，已經是第二週的星期二了。（我們知道有些人甚至會把影片中最有趣的部分剪成「精華片段」——這很好，但也很花時間。）採訪者做完這一切之後，必須安排時間向衝刺計畫團隊報告他的發現。也就是說，衝刺計畫團隊最快也要到第二週的星期三，才能看到結果。

這種做法還有其他問題。團隊成員被捲入「正常工作」的漩渦之後，衝刺計畫團隊的衝勁將顯著衰減。此外還有信任問題：因為團隊成員並沒有親自看過測試過程，他們只能姑且相信採訪流程和結果。這就像自己看過一部電影跟只聽別人轉述的差別。

幸好這些問題有個簡單的解決方法——衝刺計畫團隊成員一起觀看訪談直播。這種做法快得多，因為人人都是立即看到測試結果。你們會得出比較好的集體結論，因為有七個腦袋一起努力。你們也可以避開信任問題，因為人人都是親眼看到測試結果。週五結束時，衝刺計畫團隊將在掌握充分

資訊的情況下，決定接下來怎麼做——訪談（和衝刺計畫）的結果仍清楚留在各人的短期記憶中。

這種奇妙的團隊合作不會自然發生，但你們只需要幾個簡單的步驟，就能確保它每次都發生。以下是具體做法。

集體做訪談筆記

第一場訪談開始前，在衝刺計畫室裡的一塊大白板上畫一個表格。要有五欄（每一位受訪顧客一欄），以及數列（每個原型一列，或原型每一部分一列，又或者是一條衝刺計畫問題一列）。

發便利貼和白板筆給每一個人。告訴大家如何在訪談進行期間做筆記:「如果你聽到或看到有意思的東西,請記在便利貼上。你可以寫下受訪者的話、你的觀察,或你對訪談期間發生的事的解讀。」

使用不同顏色的白板筆,藉此區分筆記的類型:正面的筆記用綠色,負面用紅色,中性用黑色。如果你們只有黑色筆,在便利貼左上角以加號代表正面筆記,以減號代表負面筆記,中性筆記則不留記號。

訪談進行期間,衝刺計畫室應該保持安靜。這是小心聆聽、仔細做筆記的時候,不是喧鬧地做出反應或試圖當場解決問題的時候。尊重受訪顧客也很重要。雖然顧客聽不到衝刺計畫室的動靜(視訊直播應該是單向的),但請記住:如果顧客在試用原型時遇到困難,那是你們有問題,不是顧客有問題。

每一場訪談結束時,把便利貼筆記收集起來,貼到白板

上。請確定貼對格子，但暫時不要擔心如何組織筆記。然後休息一下。集中精神觀看五個小時的訪談並做筆記，是很累的；因此每一場談訪結束後，都應該休息一下。

━━━━━━

週五下午，5 位受訪顧客都已經試用了兩款 Slack 原型，衝刺計畫室的白板上貼了很多便利貼。我們圍在白板前整理筆記，尋找當中的形態。

我們先看「堅強旅程」（說明 Slack 如何運作的逐步指南）得到的反應。受訪者仍普遍不清楚 Slack 可以如何配合電子郵件，但 5 位顧客有 4 人明白 Slack 的整體價值——這是了不起的成就。只有 2 人想登記試用，但看來只要解決許多容易糾正的問題，想試用的顧客應該可以顯著增加。（明顯失策的一個例子：登記試用的按鈕放在網頁太下面了。）所有人都同意：「堅強旅程」並不完美，但比 Slack 現在的行銷方案好得多。

然後我們看「Bot 團隊」的結果。我們逐一閱讀訪談每位顧客的筆記，結果相當差。筆記中充斥著這種評論：「她被弄糊塗了」、「看起來沒有比電子郵件好」，以及「我不確定這是什麼」。只有一個人享受與電腦控制的 Bot 交談，

但連他也不大了解 Slack 這軟體的目的。

我們當然都看過這些訪談,而大家瀏覽過筆記之後,也認清了一件事:史都華的預感錯了。這令人意外(史都華的預感通常很準),但也讓我們如釋重負。「Bot 團隊」要有效付諸實行,將是成本高昂的大工程。我們盡力做出了逼真的原型,但它失敗了。現在整個團隊都確信應該把力氣花在其他地方。

另一方面,「堅強旅程」看來大有希望。這方案具備一些有效的要素,而它的一些問題不難解決。下一步顯而易見:梅西和她的團隊將再做一次衝刺計畫,讓該方案變得真正可行。

Slack 團隊原本期望能大獲成功,但只得到喜憂參半的結果。結果當中有好消息:他們知道「堅強旅程」是進步的方案、「Bot 團隊」行不通,而未來必須重視「Slack vs. 電子郵件」的問題。

你可能會覺得,從一整個白板的便利貼當中整理出一些形態和接下來的計畫,有如一種煉金術;但是,如果所有人

都一起看過訪談過程，這其實相當簡單。

尋找形態

請整個衝刺計畫團隊聚在白板前面。每個人都應該站得夠近，以便閱讀便利貼筆記。花五分鐘時間，靜靜地瀏覽這些筆記。發給每個人一本筆記本和一支筆，以便他們記下自己看到的形態。尋找出現在至少 3 位顧客身上的形態。如果只有 2 位顧客有相同的反應，但反應特別強烈，也把它記下來。

個別尋找形態五分鐘之後，要求各人分享結果，大聲唸出自己看到的形態。在另一塊白板上列出這些形態，並標注是正面、負面或中性形態。列好形態之後，就是解讀結果的時候了。

回到未來

你們在週一提出了一份問題清單。這些問題反映團隊必須了解哪些東西，才有望達成你們的長期目標。現在你們已經做完測試，並且找出了結果中的形態，是時候再看看這些

衝刺計畫問題了。這些問題將幫助你們選出最重要的形態，以及決定接下來怎麼做。

　　Slack 有兩大衝刺計畫問題。首先，他們想知道：「我們可以向不曾用過 Slack 的人，清楚解釋這個軟體嗎？」做完衝刺計畫之後，答案是「應該……可以」。「堅強旅程」在解釋 Slack 這件事上表現不錯。但梅西和她的團隊成員不會滿足於「表現不錯」。他們希望能把「堅強旅程」做得更好。

　　他們的第二個問題是：「我們可以幫助個人在他的團隊成員加入前了解 Slack 嗎？」採用 Slack 的團隊，都是從一名團隊成員使用這個軟體開始的。這個人必須先想像整個團隊使用 Slack 的情形，然後再去遊說他的同事加入。「Bot 團隊」中的模擬團隊，正是想解決這問題，但它失敗了。不過，Slack 團隊認為或許可以在行銷頁面上，以其他方法處理這個問題。他們因此回答「或許……不行」，並矢言在下一次衝刺計畫中再努力。

　　你們做完衝刺計畫時，也將這麼做。檢視你們的長期目標和週一擬定的衝刺計畫問題。你們通常不能為每一條問題找到滿意的答案，但一如 Slack，你們將取得一些進展。

檢視目標和問題之後，你們通常不難想出下一步怎麼做。衝刺計畫團隊可以簡短討論一下，然後由決策者（還有誰呢？）決定如何跟進。

每次都是贏家

衝刺計畫最好的一點，是你不可能毫無收穫。只要你們有邀請顧客測試原型，就能得到衝刺計畫的最大獎——只需要五天時間，就能了解自己的構想有多可行。測試結果並沒有標準模式可言。結果可能是有益的失敗（是好事）、有瑕疵的成功（需要投入更多工夫），以及許多其他可能。我們來看一下五家公司的衝刺計畫團隊如何理解測試結果，以及決定如何跟進。

Slack 的衝刺計畫有兩個結果。首先，他們得到一個有益的失敗，發現有個方案不可行，因此省下好幾個月的工程作業和額外成本。另一個原型則是有瑕疵的成功。三週後，Slack 團隊再做一次衝刺計畫，力求改善「堅強旅程」。他們更好地解釋了訊息系統的運作方式，改善了圖表，也澄清了指引。新原型的測試結果非常出色：5 位顧客全部都明白新網站。Slack 因此把這個方案付諸實踐。

機器人業者 Savioke 的衝刺計畫產生了罕見的結果：我們測試的構想幾乎全部成功了。Savioke 團隊隨後努力把這些構想融入產品中，產品推出後獲得很好的媒體報導，公司也爭取到新的飯店客戶。

　　藍瓶咖啡做了一次典型的比拼，同時測試三個原型。有個原型是有益的失敗，另外兩個則是有瑕疵的成功。藍瓶結合後兩者的最佳要素，做出一個網站，結果大大提升了營收。

　　Flatiron 提出了很大的衝刺計畫問題：癌症診所是否會改變工作流程，以便使用一種新工具？這個問題攸關重大利益。Flatiron 如果能說服研究協調員改變工作流程，將能安排更多病人參與臨床試驗。我們一起做出新軟體的原型，然後請研究協調員測試。結果是讓人振奮的有瑕疵的成功。這些協調員並不是喜歡原型的每一部分，但他們對這概念反應熱烈，讓 Flatiron 有信心繼續開發這個軟體。六個月之後，許多診所已經採用這個軟體來安排病人參與臨床試驗。

　　成功的測試往往不是工作流程的結局，而是重要的起點。2014 年，我們曾在 Medium 做過一次衝刺計畫，這是推特創辦人威廉斯建立的一個寫作平台。威廉斯和他的團隊有一些改善 Medium 評論和討論工具的想法，而週五的測試顯示，有幾個構想是有瑕疵的成功，值得採用。Medium 工

程團隊在隨後一週努力把衝刺計畫產生的兩個最佳構想付諸實行，然後安排部分 Medium 用戶試用。這是一次運用大量數據的跟進衝刺計畫。（結果顯示，兩個構想都促進了討論。）

許多公司希望快速推出產品，以便能蒐集數百、數千以至數百萬人貢獻的數據。這種大數據很好，但在急於取得這種數據的情況下，業者很容易錯過在還有時間修正路線之際，及早蒐集少量數據的機會。Medium 的故事說明了一件事：你可以兩者兼得。你可以和顧客交流，同時從大量數據中學習。

為人服務

時常傾聽顧客的想法，可以提醒你努力工作是為了什麼。你們希望自己的產品或服務能幫助某些人，而每一次顧客訪談，都可以拉近你們與服務對象的距離。

如果你們能繼續做衝刺計畫，而且不忘初衷，終有一天可以實踐願景。你們將在週五的測試中，看到顧客明白你們的構想，相信你們的產品可以改善他們的生活，因此詢問採訪者如何購買。

這種時刻非常珍貴，就像阿波羅 13 號安全回到地球時，控制中心歡呼雀躍的那一刻；也像《瞞天過海》中的盜賊完成任務後，看著噴泉的那一刻，又或者是《魔戒》中甘道夫騎著巨鷹，俯衝救起佛羅多和山姆的那一刻。這是神奇的時刻。工作就應該是這樣的——不是浪費時間無止境地開會，然後一起去打保齡球，試圖藉此建立同儕情誼——而是一起努力做出一些真正對人有用的東西。這是你們利用時間的最佳方式。這就是衝刺計畫。

起飛
Liftoff

那是 12 月嚴寒的一天，當天多雲且大風。兩位共同創辦人彼此靠近，談了幾句。一個星期前，他們最近的一次原型測試失敗了，但他們認為自己知道原因。他們修理了一些地方，這天早上充滿信心。經過逾三年的努力，不斷地試驗之後，他們瘋狂的長期目標可能就快要達成了。

　　時速 20 哩的寒風刮起沙塵。多數人會說這樣的天氣很糟，但這兩人似乎完全不以為意。如果原型測試再度失敗，他們還是會學到一些東西，而且他們知道，只有五個人會看到這個過程。他們做了最後準備，確定觀察者已經到場。是時候開始了。

　　測試成功了：原型順利運轉了 12 秒。第二次、第三次

測試也都成功了。測試開始數小時之後，他們做了第四次、也是當天最後一次測試。哇，四次都成功了！在最後一次測試裡，原型順利運轉了整整 59 秒。兩位共同創辦人興奮極了。

這是 1903 年，萊特兄弟開創了人類駕駛動力機器飛行的歷史。

━━━━━

我們很容易把萊特兄弟想成超凡脫俗的歷史人物，而他們著名的飛行則是無與倫比的天才之作。但本書的讀者可能已經想到，萊特兄弟能實現飛行夢想，靠的是找對方法和努力工作。

萊特兄弟抱負不凡，一開始就設定了一個瘋狂的目標。他們起初不知道如何達成目標，因此先釐清自己必須回答哪些大問題。1899 年，萊特兄弟做了他們的「請教專家」工作：他們與曾經嘗試飛行的人通信，並寫信給史密森尼學會（Smithsonian Institution），索取空氣動力學方面的技術文件。他們藉由研究風箏和滑翔翼、觀察鳥類飛行、研究船隻的螺旋槳，了解既有的概念。然後他們結合各種要素、重新組合，力求進步。

隨後數年，他們藉由保持一種原型心態取得進展。他們採用各個擊破的方式，逐一克服難題。飛機可以得到足夠的升力嗎？一個人可以維持飛機穩定嗎？可以加一個引擎嗎？在這試驗過程中，他們一再地失敗。不過，他們每次都利用一個特別製造的原型，回答一個具體的問題。他們堅定地持續向固定的長期目標前進。

這過程很像衝刺計畫，對吧？萊特兄弟發明飛機，並不是靠衝刺計畫。不過，他們使用的方法與衝刺計畫相似。而且他們是一次又一次，不斷地使用這套方法。釐清問題、做出原型、加以測試，成了一種生活方式。

衝刺計畫可以在你的公司建立起這種習慣。做完第一次衝刺計畫之後，你可能會注意到，你的團隊改變了工作方式。你們將設法把有意思的討論轉化為可測試的假說。你們將設法回答重要問題──不是在「某一天」，而是本週就找到答案。你們將對彼此的專門技能，以及團隊集體解決難題、邁向宏大目標的能力建立起信心。

「宏大目標」像是一種企業的濫調，也像是拙劣的勵志海報會用的詞語。但是，我們不應該對自己在工作上設定宏大的目標感到難為情。我們每個人一天、一年和一生當中，都只有有限的時間可用。你早上去工作時，理應知道自己付

出的時間和努力是有意義的。你應該相信自己的工作，真的能讓某些人的生活變得美好一些。藉由本書闡述的技巧，你可以賦予重要的工作明確的重心。

自 2012 年以來，我們在多家新創公司做過逾百次衝刺計畫。這很多，但遠遠比不上其他人所做的；他們學會了衝刺計畫的做法，自行用它來解決問題、降低風險，以及在工作上做出更好的決定。

學術界對衝刺計畫也有興趣。在紐約市哥倫比亞大學，法洛尼亞（R. A. Farrokhnia）教授希望教他的企管和工程系學生做衝刺計畫，但是在一般的課程設計下，他沒辦法安排連續一整週的時間。因此他靈活應變，在暑假前找出一整週的空閒時間，安排了實驗性的整週課程，連續上五個整天。哥大典型的教室像禮堂那樣，不適合做衝刺計畫。法洛尼亞教授因此找出正在改建的教室，找來一些白板，方便學生試做衝刺計畫。

在西雅圖，高中數學老師切普思（Nate Chipps）和鄧恩（Taylor Dunn）利用衝刺計畫來教學生機率。學生用一堂課做出非常逼真的桌上遊戲原型，下一堂課觀察同學玩這些原型，記下哪些構想可行、哪些不可行。他們交出最終作業（修改過的遊戲）時，已經見過機率原理的實際應用。

我們聽過各種情況下的衝刺計畫應用。著名顧問公司麥肯錫採用了衝刺計畫，廣告公司 Wieden+Kennedy 也是。政府機構和非營利組織採用衝刺計畫，主要科技公司如 Airbnb 和臉書也是。我們聽過來自慕尼黑、約翰尼斯堡、華沙、布達佩斯、聖保羅、蒙特婁、阿姆斯特丹、新加坡以至威斯康辛的衝刺計畫故事。

實證證明衝刺計畫用途廣泛，而且可以促成有益的蛻變。我們希望你們迫切想開展自己的第一次衝刺計畫——可以是在公司、某家志工組織或學校，甚至是利用衝刺計畫來促成個人生活的改變。

當你不確定該怎麼做、不知道如何開始，或必須做重大決定時，都可以做衝刺計畫。衝刺計畫最好是用來解決重要的問題，我們因此鼓勵你用它來處理大問題。

本書教你一些非傳統觀念，有助你更快、更聰明地完成工作，包括：

- 與其急著研擬解決方案，不如耐心地釐清問題，並定出一個初步目標。一開始慢慢來，反而可以更快達成目標。
- 與其高聲討論，不如各人安靜地獨自構思，畫出詳

細的方案草圖。群體腦力激盪並不是有益的做法。

- 與其抽象地討論和無止境地開會，不如利用表決和交給決策者決定的方式，果斷地做出決定，反映團隊在輕重緩急上的抉擇。這是利用群體智慧，同時避免團體盲思的做法。

- 與其把所有細節都做對了才去測試方案，不如只做出逼真的外觀。採用「原型心態」以便快速地學習。

- 與其投入大量的金錢和時間，在猜測中希望自己做對了，不如早早找來目標顧客測試方案原型，了解他們誠實的反應。

在 GV，我們投資新創公司，是因為我們希望它們可以造就更美好的世界。我們希望你也可以改變世界。為此，我們想再談談萊特兄弟。1903 年 12 月 17 日，他們試飛成功那一天，友人丹尼爾斯（John T. Daniels）就在現場。丹尼爾斯曾說：

> 他們能飛上天，不是因為運氣好，而是靠辛勤工作和常識。天啊，我在想，如果我們全都像萊特兄弟那樣，相信自己的想法，並且全心全意、竭盡全力去實踐理想，那將會怎樣！

我們也很想知道「那將會怎樣」。我們相信你可以成就

很多事，而且我們知道你應該如何開始去做。

檢查表
Checklists

接下來，我們提供一些檢查表，涵蓋衝刺計畫的每一部分。
（這些檢查表也可以在 thesprintbook.com 找到。）

運作衝刺計畫有點像烤蛋糕：如果不照著方法做，可能會
弄出一堆很噁心的東西。如果不用糖和雞蛋，你不能期望
自己做出蛋糕；同樣的道理，如果不做出原型並加以測試，
你不能期望衝刺計畫真正有用。

做前幾次衝刺計畫時，請遵循所有步驟。掌握訣竅之後，
你可以自由試驗，一如經驗豐富的烘焙師傅。如果你發現
有些新做法可以讓衝刺計畫更有效，請告訴我們！

做好準備

☐ **選個大難題。** 衝刺計畫特別適用於三種情況：事情攸關重大利益，時間緊迫，又或者陷入了僵局。（第 47 頁）

☐ **找一位（或兩位）決策者。** 如果沒有決策者，衝刺計畫產生的決定可能根本無效。如果決策者不能全程參與衝刺計畫，請他派一名代表全程參與。（第 54 頁）

☐ **組織衝刺計畫團隊。** 人數應該控制在七人以內。除了平常一起投入專案工作的人之外，請確保團隊成員具備多元的技能。（第 58 頁）

☐ **安排專家客串。** 不是每一位重要的專家都可以全程參與衝刺計畫。安排重要的專家在週一下午受訪，每人 15-20 分鐘，共 2-3 小時。（第 60 頁）

☐ **選一位促進者。** 促進者將負責管理時間、對話和整個衝刺計畫的過程。他必須有信心引導會議，包括當場概括眾人的討論。促進者可能就是你！（第 61 頁）

☐ **在日程表上空出五個整天。** 替衝刺計畫團隊預約五天時間，週一到週四早上 10 點至下午 5 點，週五則是早上 9 點至下午 5 點。（第 65 頁）

☐ **預訂一間房間，準備兩大塊白板。** 預訂一間房間來進行衝刺計畫，時間是一整週。如果衝刺計畫室沒有兩大塊白板，去買，或想出替代方案。預訂另一間房間供週五的顧客訪談使用。（第 69 頁）

關鍵概念

- **避免干擾。**衝刺計畫期間，不准使用筆記型電腦、手機和 iPad 等平板電腦。如果必須使用電子裝置，請離開衝刺計畫室或等到休息時使用。（第 67 頁）

- **計時器。**緊湊的時間安排，可以增強人們對衝刺計畫流程的信心。利用 Time Timer 計時器來增強團隊成員的專注力和急迫感。（第 74 頁）

- **晚一點吃午餐。**上午 11:30 左右讓大家休息一下，吃點零食，下午 1 點左右吃午餐。這樣既能維持團隊成員的精力，又能避開午餐尖峰時段。（第 65 頁）

衝刺計畫用品

- ☐ **大量的白板。** 最好是固定在牆上的白板，但可移動的白板也不錯。替代品：白板漆、Post-it 畫紙（easel pads），或是貼在牆上的包肉紙（butcher paper）。需要兩大塊白板（或同等面積的可塗寫表面）。（第 70 頁）

- ☐ **3 吋乘 5 吋的黃色便利貼。** 堅持使用標準的黃色便利貼，因為五顏六色的便利貼會造成不必要的認知負擔。準備 15 疊便利貼。

- ☐ **黑色白板筆。** 使用粗頭筆，可以迫使大家寫出簡潔易讀的句子。我們喜歡用白板筆而非 Sharpie 麥克筆，因為白板筆用途較多、不會散發很強的味道，而且不必擔心意外在白板上留下擦不掉的字跡。準備 10 支白板筆。

- ☐ **綠色和紅色白板筆。** 供週五的觀察筆記使用。綠色和紅色各準備 10 支。

- ☐ **黑色氈尖筆。** 週二畫方案草圖使用。避免用筆頭超細的筆，因為那會鼓勵大家寫出超小的字。我們喜歡用中等筆頭（medium-point）的 Paper Mate Flair。準備 10 支。

☐ **列印用紙**。畫方案草圖使用（很遺憾，便利貼不是萬用的）。準備 100 張列印用紙，信紙或 A4 大小皆可。

☐ **膠帶**。用來把方案草圖貼在牆上。準備 1 捲。

☐ **小圓點貼紙（¼ 吋）**。供熱點圖表決使用。顏色必須劃一（我們喜歡藍色）。如果要上網找，這產品常用的名稱是「Round Color Coding Labels」。準備約 200 個小圓點。

☐ **大圓點貼紙（¾ 吋）**。供「我們可以如何」（How Might We）表決、稻草民調和超級票使用。顏色必須劃一，而且與小圓點不同（我們喜歡粉紅或橙色）。準備約 100 個大圓點。

☐ **Time Timer 計時器**。衝刺計畫過程中計時用。準備兩個：一個用來確保當下的活動按時完成，另一個用來提醒自己適時休息。

☐ **健康的零食**。好的零食有助團隊成員整天維持精力。準備一些真正的食物，例如蘋果、香蕉、優格、起司和堅果。提神食物可用黑巧克力、咖啡和茶。零食必須夠所有人吃。

星期一

註：以下時間表是約略的安排。如果進度落後，別擔心。記得每 60-90 分鐘讓大家休息一會（或是每天早上 11:30 或下午 3:30 左右休息）。

早上 10 點

☐ **把這個檢查表寫到白板上。**完成後在這一項前面打個勾。很容易，對吧？這一天當中，每完成一項就打個勾。

☐ **介紹。**如果衝刺計畫團隊中有互不相識的成員，介紹他們彼此認識。指出促進者和決策者，說明他們的角色。

☐ **說明衝刺計畫的過程。**介紹五天的衝刺計畫流程（可以用 thesprintbook.com 上的簡報檔案）。簡述這個檢查表上的每一項活動。

10:15 左右

☐ **設定一個長期目標。**以樂觀的心態思考以下問題：我們為什麼要做這個專案？六個月、一年、或甚至五年後，我們希望取得什麼成就？把長期目標寫在白板上。（第 83 頁）

☐ **列出衝刺計畫問題。**以悲觀的心態思考以下問題：我們可能因為什麼事情而失敗？把這些隱憂轉化為本週可以回答的問題。在白板上列出這些問題。（第 85 頁）

11:30 左右

☐ **畫示意圖。** 在左邊列出顧客和關鍵角色，右邊畫出結局（目標完成的情況）。中間畫出流程圖，顯示顧客如何與你們的產品互動。示意圖要夠簡單：5-15 個步驟即可。（第 97 頁）

下午 1 點

☐ **午休。** 可以的話一起吃飯（很有趣的）。提醒團隊成員，午餐不要吃太飽，以免下午昏昏欲睡。下午如果餓了，可以吃點零食。

下午 2 點

☐ **請教專家。** 訪問衝刺計畫團隊中的專家和外來的嘉賓，每人 15-30 分鐘。詢問願景、顧客調查、事物運作方式和之前的努力。把自己當成記者。視需要更新長期目標、衝刺計畫問題和示意圖。（第 106 頁）

☐ **做「我們可以如何」（HMW）筆記。** 發白板筆和便利貼給每個人。把問題想成是機會。在便利貼的左上角寫上「我們可以如何」（或以英文縮寫 HMW 代替），一張便利貼記一個想法。寫出一小疊便利貼筆記。（第 108 頁）

4 點左右

☐ **組織 HMW 筆記。** 先把全部的筆記隨意貼到牆上。把主題相近的筆記移到一起，貼上主題標籤。限時 10 分鐘左右，不要

追求完美的分類。（第 116 頁）

☐ **投票選出重要的 HMW 筆記。**每人有 2 票，可以投給自己寫的筆記，也可以把 2 票都投給同一則筆記。把勝出的筆記貼到示意圖上的適當位置。（第 117 頁）

4:30 左右

☐ **選定一個目標。**在示意圖上圈出最重要的顧客和一個目標時刻。團隊成員可以表達意見，但由決策者做出最終決定。（第 126 頁）

關鍵概念

• **以終為始。**先想像自己想達到的結果，以及可能遇到的風險。然後反過來想出達成目標必須完成的步驟。（第 80 頁）

• **沒有人無所不知。**連決策者也不例外。衝刺計畫團隊掌握的知識，全都鎖在每個人的腦袋裡。為了解決團隊的大問題，你們必須釋放這些知識，建立必要的共同認知。（第 103 頁）

• **把問題轉化為機會。**細心聆聽，注意重要的問題，然後利用「我們可以如何」這個措辭，把問題轉化為機會。（第 109 頁）

促進者筆記

• **尋求許可。**先請求團隊允許你擔任促進者。先說明你將致力確保團隊順利完成必要的步驟，提升衝刺計畫的效率。（第

129 頁）

- **持續記錄。**適時綜合團隊的討論，在白板上記下重點。必要時即興發揮。不時問大家：「我應該如何記錄？」（第 129 頁）

- **明知故問。**假裝無知，常問「為什麼？」（第 130 頁）

- **照顧隊員。**致力維持團隊活力。每 60-90 分鐘休息一會。提醒大家可以吃點零食，以及午餐不要吃太飽。（第 131 頁）

- **果斷決定，保持進度。**緩慢的決策過程會損耗團隊的精力，而且可能導致衝刺計畫無法及時完成。如果團隊陷入冗長的辯論，請決策者當機立斷。（第 132 頁）

星期二

早上 10 點

☐ **閃電型示範**。團隊成員輪流用 3 分鐘時間，介紹他們看到的
出色的解決方案；這些方案可能源自其他產品、其他領域，
或是自己的公司。在白板上快速畫出示意圖，藉此記錄好的
構想。（第 138 頁）

12:30 左右

☐ **決定是否分工**。決定誰將負責畫方案草圖的哪一部分。如果
你們的問題有幾個關鍵部分必須顧及，那就應該分工合作。
（第 145 頁）

下午 1 點

☐ **午休**

下午 2 點

四步驟畫圖法。簡略說明四個步驟。每個人都要畫方案草圖。完
成時把這些草圖疊起來，留待明天使用。（第 154 頁）

☐ **①筆記**。20 分鐘。安靜地在衝刺計畫室裡遊走，蒐集筆記。
（第 156 頁）

□ ②**構想**。20 分鐘。各自記下一些粗略的構想。圈出最有希望的構想。（第 157 頁）

□ ③**瘋狂八**。8 分鐘。拿一張紙對折三次，得出八格。根據自己最強的構想，在這八格中畫出解決方案的八個變體。平均每分鐘畫一格。（第 158 頁）

□ ④**畫出方案草圖**。30-90 分鐘。在一張紙上，用三張便利貼，畫出像分鏡腳本的三格式草圖。盡可能做到不言自明。不要署名。畫得醜也沒關係。文字很重要。替它取個吸引人的名字。（第 161 頁）

關鍵概念

* **重新組合，加以改良。**偉大的創新都是以既有的事物為基礎。（第 137 頁）

* **人人都能畫圖。**多數方案草圖不過是一些框框和文字。（第 148 頁）

* **具體勝過抽象。**利用方案草圖，把抽象的構想轉化為可讓其他人評估的具體方案。（第 151 頁）

* **一起獨自努力。**群體腦力激盪並不可行。讓每個人有時間獨自研擬解決方案，反而比較好。（第 152 頁）

替週五的測試招募顧客

□ **安排一個人負責招募工作。**這個人在衝刺計畫期間，每天必

須額外工作 1-2 個小時。（第 168 頁）

☐ **在 Craigslist 上找人。**貼出可以吸引廣大受眾的通用型廣告，提供報酬（我們送每人價值 100 美元的禮券）。廣告應附上篩選問卷的連結。（第 168 頁）

☐ **撰寫篩選問卷。**問卷的問題必須要能替你找出目標顧客，但不會洩露你在尋找哪一類的人。（第 170 頁）

☐ **利用你的人脈網絡找人。**如果你要找的是專家或既有顧客，應該利用你的人脈網絡找人。（第 172 頁）

☐ **用電子郵件或電話做後續追蹤。**在這一週中，聯絡每一位受訪顧客，確保他們會在週五現身受訪。

星期三

早上 10 點

☐ **黏貼決策。**藉由以下五個步驟,選出最佳解決方案:

  ☐ **美術館。**用膠帶把方案草圖貼到牆上,形成一長列。(第 183 頁)

  ☐ **熱點圖。**各人靜靜地瀏覽所有方案,用 1-3 個小圓點貼紙標出自己喜歡的部分。(第 184 頁)

  ☐ **快速評論。**每個方案 3 分鐘。集體討論方案重要之處。把突出的構想和重要的異議記錄下來。最後詢問方案作者:其他團隊成員是否忽略了什麼?(第 187 頁)

  ☐ **稻草民調。**每個人私下選出自己喜歡的一個構想,一起用大圓點貼紙投出自己(不具約束力)的一票。(第 191 頁)

  ☐ **超級票。**把 3 張特別票(上面寫著決策者名字的首字母)交給決策者,告訴他:你們將根據他選擇的方案做原型,並請顧客測試。(第 195 頁)

11:30 左右

☐ **把勝出的方案與「日後參考」方案分開。**將獲得超級票垂青的方案放在一起。(第 196 頁)

☐ **比拼或綜合**。如果勝出方案超過一個，釐清一件事：它們可以綜合起來，只做一個原型嗎？還是衝刺計畫團隊必須做二或三個方案的原型來比拼？（第202頁）

☐ **創造虛構品牌**。如果決定做原型比拼，請用「記下後表決」的方法，選出虛構的品牌名稱。（第202頁）

☐ **記下後表決**。如果團隊必須向成員快速蒐集資料或構想，然後做出決定，可以用這個方法。要求各人私下寫下想法，把它們列出在白板上，請各人投票給自己喜歡的構想，最後由決策者做最終決定。（第203頁）

下午1點

☐ **午休**

下午2點

☐ **做一個分鏡腳本**。利用分鏡腳本來規劃你們的原型。（第207頁）

　　☐ **畫格網**。在白板上畫出約15個框格。（第210頁）

　　☐ **選擇一個開場**。想想顧客通常如何發現你們的產品或服務。開場要夠簡單，例如顧客是藉由網路搜尋、雜誌文章或商店貨架，發現你們的產品。（第212頁）

　　☐ **填入腳本內容**。盡可能利用勝出方案上的便利貼，合用時就把它們轉貼到白板上。畫出不能轉貼既有草圖的步

驟，但不要集體撰文。細節足以幫助團隊在週四製作原型即可。有疑問時，大膽一點。完成的腳本應該有 5-15 個步驟。（第 213 頁）

促進者筆記

- **避免耗盡力氣**。做每一個決定都會耗費一些精力。遇到困難的決定時，請決策者做決定。小問題可以留到週四再處理。不要探討新的抽象構想。努力處理既有的構想就可以了。（第 219 頁）

星期四

早上 10 點

☐ **選對工具。**不要用你們日常使用的工具,因為它們是為了做出頂尖品質而設的。應該用粗略、快速和靈活的工具。(第252頁)

☐ **分工解決。**分配工作,選出製作者、整合者、寫作者、資料蒐集者和採訪者。你們也可以把分鏡腳本分成幾部分,交給不同的團隊成員負責。(第253頁)

☐ **製作原型!**

下午 1 點

☐ **午休**

下午 2 點

☐ **製作原型!**

☐ **整合。**把工作分配下去之後,很容易忘了監測整體情況。整合者將監控各部分的品質,確保它們可以拼湊出合用的原型。(第256頁)

☐ **試運轉。**完成原型的試運轉。找出應該糾正的錯誤。採訪者和決策者務必在場觀看。（第 257 頁）

☐ **完成原型。**

這一天當中

☐ **寫好訪問腳本。**採訪者撰寫一份訪問腳本，為週五的測試做好準備。（第 255 頁）

☐ **提醒目標顧客週五受訪。**可以用電子郵件，更好的做法是打電話。

☐ **購買送給受訪顧客的禮券。**我們通常送給每位顧客價值 100 美元的禮券。

關鍵概念

• **原型心態。**無論是什麼方案，都可以做原型。原型是可以捨棄的。做到剛好能滿足測試需要即可。原型看起來必須夠真實。（第 228 頁）

• **剛剛好的品質。**創造出一個品質剛好足夠引起顧客誠實反應的原型。（第 230 頁）

星期五

臨時的研究實驗室

☐ **兩個房間。**衝刺計畫團隊將在衝刺計畫室觀看顧客受訪的視訊直播。你們需要另一個較小的房間做訪問。請確保採訪室對顧客來說是乾淨舒服的。（第 271 頁）

☐ **設置硬體。**設置網路攝影機，好讓衝刺計畫團隊能看到顧客的反應。如果顧客將使用智慧型手機、iPad 或其他裝置，請設好文件攝影機（document camera）和麥克風。

☐ **設置視訊軟體。**利用任何一個視訊會議軟體，把採訪室的情況直播到衝刺計畫室。確保音質良好。確保視訊和音訊僅單向傳送至衝刺計畫室。

關鍵概念

• **5 是神奇數字。**訪問完 5 名顧客之後，大形態已經呈現出來。在一天內做完這 5 個訪問。（第 265 頁）

• **一起觀看，共同學習。**不要解散衝刺計畫團隊。一起觀看顧客受訪的過程，是效率較高的做法，你們也將得出更好的結論。（第 292 頁）

• **每次都是贏家。**你們的原型可能是有益的失敗或有瑕疵的成功。無論如何，你們都能得到有用的資訊，知道下一步該怎麼做。（第 300 頁）

五幕式訪談

- [ ] **友善的歡迎。**歡迎顧客，讓他覺得自在。向顧客說明你們希望得到坦率的意見回饋。（第 273 頁）

- [ ] **背景問題。**先閒聊一下，然後過渡至與衝刺計畫有關的個人問題。（第 275 頁）

- [ ] **介紹原型。**提醒顧客，原型可能有些地方無法正常運作，而且你們在測試的是原型，不是顧客。請顧客隨時說出心中所想。（第 276 頁）

- [ ] **提示和操作。**觀看顧客自行摸索原型的操作。以簡單的提示開頭。隨後適時提問，幫助顧客說出心中所想。（第 278 頁）

- [ ] **總結討論。**問一些問題，促使顧客總結這場訪問。然後感謝顧客，送出禮券，送他離開。（第 280 頁）

採訪技巧

- **做個好主人。**在整場訪問中，盡可能讓顧客感覺自在。運用肢體語言，讓自己顯得友善。常微笑！（第 284 頁）

- **問開放式問題。**問這種問題：「誰（Who）／什麼（What）／哪裡（Where）／何時（When）／為什麼（Why）／如何（How）……？」不要問引導式的是非題或選擇式問題。（第 284 頁）

- **問不完整的問題。**開口之後，在說出可能引導或影響答案的話之前，降低音量至完全靜默。這可以鼓勵顧客自由地說出

心中所想。（第 287 頁）

- **好奇心。**真實地對顧客的反應和想法展現出極大的興趣。（第 288 頁）

觀看顧客受訪

第一場訪問開始前

☐ **在白板上畫一個表格。**要有五欄（每一位受訪顧客一欄），以及數列（每個原型一列，或原型每一部分一列）。（第 294 頁）

每一場訪問進行期間

☐ **邊看邊做筆記。**發便利貼和白板筆給每一個人。寫下受訪者的話、你的觀察，或你對訪談期間發生的事的解讀。標記筆記是正面或負面的。（第 295 頁）

每一場訪問之後

☐ **貼筆記。**把便利貼筆記收集起來，貼到白板上，請確定貼對格子。簡單討論一下剛結束的訪談，但別急著做結論。（第 295 頁）

☐ **休息一下。**

所有訪談結束後

☐ **尋找形態。**各人靜靜地瀏覽白板上的筆記，記下自己看到的

形態。在另一塊白板上列出各人看到的所有形態，並標注是正面、負面或中性形態。（第 298 頁）

□ **總結。**重溫你們的長期目標和衝刺計畫問題。對照你們從顧客訪談中觀察到的形態。決定接下來如何跟進。把後續計畫寫下來。（第 298 頁）

FREQUENTLY ASKED QUESTIONS
常見問題

問：我可以在毫無經驗的情況下擔任衝刺計畫的促進者嗎？

答：可以。

這本書提供了你需要知道的一切。事實上，你看完這本
書時，擔任促進者的條件比我們剛開始做衝刺計畫時好
多了。

問：衝刺計畫要求的工作時間是否很長？

答：不是。

衝刺計畫團隊每一名成員必須工作約 35 小時。我們希
望團隊成員有充分的時間休息，每天精神飽滿，展現最
好的工作表現。你們每天都可以回家吃晚飯。

問：衝刺計畫團隊成員是否將錯過許多其他工作？

答：大概是。

你們不可能在衝刺計畫週期間，投入 35 小時做衝刺計畫，同時兼顧日常工作。但因為衝刺計畫工作每天只從早上 10 點到下午 5 點（週五提早一小時開始），團隊成員每天早上可以花一點時間，跟進一下其他工作。

問：衝刺計畫在大公司可行嗎？

答：可行。

在大公司，決策者和其他專家可能不容易找到時間參與衝刺計畫。在這種情況下，務必安排他們週一「客串」現身，並要求決策者委派一名代表當決策者，全程參與衝刺計畫。

問：衝刺計畫可用在硬體產品上嗎？

答：可以。

硬體產品衝刺計畫最大的挑戰是製作原型。有三個技巧可以幫助你們在一天內做出硬體產品的原型：修改或基於既有產品製作原型，即使既有產品不完整；利用 3D 印表機或其他快速製造法，從零開始做出產品原型；做「宣傳冊原型」（Brochure Facade），顧客不必看到真實的產品，就能對產品做出反應。詳情請參考第 251 頁。

問：衝刺計畫可用在「某種超級難做原型的產品或服務」上

嗎？

答：幾乎一定可以。

只要抱持原型心態，那幾乎一切都有可能。有關原型心態，請參考第 228 頁。

問：衝刺計畫對非營利組織有用嗎？

答：有用。

一如新創公司，非營利組織也面臨重大挑戰，而且資源同樣有限。「目標顧客」的定義或許不同，但非營利組織關注的問題，例如籌款、公共關係和社區服務，全都可以藉由製作原型和找真實的人做測試來回答。

問：衝刺計畫可以在課堂做嗎？

答：可以。

在課堂做衝刺計畫的最大難題是安排時間。如果你們可以找出一整週的時間，那就做吧！但如果你們只是每週上課一次或兩次，每次數小時，要做衝刺計畫就必須發揮創意了。

在哥倫比亞大學和史丹佛大學，一些教授調整了衝刺計畫流程，讓學生一堂課做衝刺計畫的「一天」（在課堂上做，或當成課後作業）。分段做衝刺計畫會有缺乏連續性的問題，而且每次都會需要不少時間「暖身」。老師可以鼓勵學生大量拍照，這對他們有幫助。可以的

話，幫助學生把他們的示意圖、衝刺計畫問題和其他筆記，保存在 Post-it 大畫紙或類似用品上。

問：如果團隊成員身處不同地方，可以進行衝刺計畫嗎？

答：或許可以。

團隊成員身處不同的地方，要做衝刺計畫是相當困難的。如果只是要安排他們參與週一的「請教專家」或在週五觀看顧客受訪，那是相對容易的：利用視訊會議工具就可以做到。但其他步驟則需要非常巧妙的安排，以及很強的合作關係。關鍵是：紙上或白板上的作業，不在現場的成員很難有效參與。（希望我們很快就有技術可以解決這種問題，但眼下問題確實難以解決。）

問：我可以自己一個人做衝刺計畫嗎？

答：大概可以。

不要期望一個人做衝刺計畫的效果可以媲美團隊衝刺計畫。不過，我們也跟一些成功完成個人衝刺計畫的人談過；有些衝刺計畫技巧確實適合一個人使用，例如你可以利用計時器，迫使自己針對某個問題，快速想出多種解決方案。你也可以替自己的構想做原型，先回答一些具體的問題，然後再付諸實踐。至於如何運用某些衝刺計畫程序，請參考下方的其他提示。

問：衝刺計畫是否可以只做到選定方案那一步？

答：不可以。

這問題常有人問。我們知道這是很誘人的想法。辨明有望成功的構想之後，你們會很想馬上付諸實行。問題是：週三時看似完美的構想，在週五的測試之後往往證實有問題。你們應該完成製作原型和顧客測試的步驟，如此才能了解那些構想是否真的一如表面看起來那麼好。

問：我們可以做一天、兩天或三天的衝刺計畫嗎？

答：最好不要。

如果把時間壓得那麼緊，你們可能來不及做原型和測試，又或者必須瘋狂加班，並因此身心耗竭。這兩種情況都很難有好的結果。

問：四天的衝刺計畫可行嗎？

答：或許可行。

如果你的團隊有做五天衝刺計畫的經驗，你們或許可以把週一至週三的活動壓縮到以兩天完成。不過，做原型和測試這兩件事不應該壓縮，要各留一整天做。

問：如果我們才剛做完一次衝刺計畫，跟進的衝刺計畫可以短一些嗎？

答：可以。

跟進的衝刺計畫不一定要採用標準的五天形式。因為你們已經畫出示意圖和做出原型，而且可以利用第一次測試的結果來研擬新方案和做決定，跟進的衝刺計畫往往可以快一些。但有兩件事是不變的：你們仍然需要一個逼真的原型，而且還是需要找 5 名顧客做測試。

問：我們是否可以不做完整的衝刺計畫，只利用部分衝刺計畫程序？

答：可以。

面對大難題的時候，應該做完整的衝刺計畫。但有很多衝刺計畫技巧可以在其他情況下使用。如果你們在會議中必須做一個小決定，可以用「記下後表決」這個方法（第 203 頁）。如果你們因為各種問題而感到沮喪，可以試著寫「我們可以如何」筆記（第 108 頁）。如果你們抽象地討論解決方案，可以利用「四步驟畫圖法」，讓方案變得具體（第 154 頁）。你們每一次開會，都可以因為使用 Time Timer 計時器（第 74 頁）和安排一名促進者在白板上寫筆記（第 61 頁）而受益。

此外，你們絕對可以隨時訪問顧客（第 272 頁）——可以用一個原型、真實的產品、競爭對手的產品，也可以不用任何產品。我們保證你們可以因此得到有益的資訊。

問：週五的測試是焦點小組訪談嗎？

答：不是。

「焦點小組訪談」是大約 10 名顧客一起討論事情。這種訪談會受到最糟糕的群體動態問題困擾：害羞的人不講話，大嘴巴的人講太多話，有人會推銷自己的觀點，最後形成的團體意見不能反映任何一個人的真實感想。衝刺計畫的測試則是一對一的訪談，由衝刺計畫團隊觀察顧客的反應。你們可以相信自己看到的東西。

問：週五的測試，可以用電話或視訊會議工具，以遠距方式完成嗎？

答：可以，但必須格外小心。

我們的同事馬格里斯經常以遠距方式做測試，利用視訊會議軟體分享電腦螢幕和採訪顧客。不過，這種採訪比較難做。你必須格外努力，才能讓顧客投入訪談、感到自在，並且隨時說出心中所想。此外，技術問題也可能造成更多麻煩。你如果不想因為啟動視訊軟體而浪費寶貴的時間，就必須預先演練，並事先把連上視訊會議的具體指示寄給顧客。

問：可以安排少於 5 位顧客做原型測試嗎？

答：不可以。

只做 4 位顧客的訪談，往往難以辨明形態。做完五場訪

談，則往往很容易看清形態。（第 266 頁的雅各·尼爾森研究圖表，可以說明這個現象。）如果你安排了 5 人受訪但只有 4 人現身，或許可以得到滿意的結果。但不要只安排 4 人或更少人受訪。

問：可以找朋友或親人做測試嗎？

答：不可以。

受訪者必須符合你們設想的目標顧客條件，測試結果才會可信。即使你們的親友符合條件，還是有一個大問題：他們不可能無所偏頗，至少他們知道太多了。你們的測試是想看到現實中的顧客真實的反應，這是不可能從熟人身上得到的。

問：在星巴克隨便找人做測試可以嗎？

答：通常不行。

如果你們的目標顧客是常出現在星巴克的人，這或許可行。但即使如此，通常還是要做一輪篩選，以確保受訪的 5 個人是你們的目標顧客，例如是星巴克常客、單親家長、商務人士，諸如此類。

問：我們應該在做衝刺計畫之前訪問顧客嗎？

答：應該！

我們知道，要在衝刺計畫開始前擠出時間做顧客訪談是

很困難的。我們通常辦不到。但如果你們能做到，這種「初期研究」對你們順利投入衝刺計畫有很大的幫助，尤其是在這種情況下：你們從零開始，不了解顧客或不知道他們如何使用你們的產品。例如藍瓶咖啡因為沒有在網路上賣咖啡的經驗，我們在做衝刺計畫之前，先訪問了一些咖啡愛好者，了解他們怎麼買咖啡。

問：你們有提供更多的衝刺計畫資源嗎？

答：有。

請上 thesprintbook.com，可以找到更多有關衝刺計畫的資訊。

問：如果我還有問題想問呢？

答：我們很樂意回答有關衝刺計畫的問題。

要找我們，最好是上推特：傑克是 @jakek，約翰是 @jazer，布雷登是 @kowitz，我們的團隊是 @GVDesignTeam。

THANK-YOU NOTES
致謝

傑克‧納普 Jake Knapp

　　首先要感謝我可愛的太太 Holly 提供了很多可靠的意見。她是第一個看我手稿的人，幫助我們塑造了這本書──各位可以不用看到幾個無趣的故事，全靠 Holly 了。此外要感謝 Luke 教我認識時間的意義，以及 Flynn 每隔幾個小時就問我書寫好了沒，因而幫助我按時完成工作。

　　感謝我的家人：感謝媽媽陪我做功課；感謝爸爸每一場籃球賽都來看；感謝 Becky 和 Roger 持續支持，永不厭倦；感謝 Steve、Rich、Nancy、Karol、Britton 和 Mignonne 包容我這個小弟。家裡唯一完全沒幫過我的，大概只有我的姪子 Jack Russillo 了。

　　在小小的奧卡斯島上，我要感謝的傑出老師多不勝數，包括 Lyn Perry、Colleen O'Brien、Joyce Pearson、Eric Simmons、Steff Steinhorst 和 Tish Knapp。感謝我工作上的許多導師，尤其是奧克利（Oakley）的 Jeff Hall；微軟的 Sheila Carter、Christen Coomer、Robb Anderson、Melinda Nascimbeni 和 Dan Rosenfeld；以及 Google 的 Charles Warren、Jeff Veen 和 Elaine Montgomery。特別感謝 Irene Au 從一開始就支持我的衝刺計畫實驗，也特別感謝 Michael Margolis 多年來的耐心和幽默感，以及指出我愛拖拉有哪些好處。

　　感謝 Caroline O'Connor 指導我們寫出首批有關衝刺計畫流程的網誌貼文，也感謝 Belinda Lanks 經由《快速企業》（Fast Company）把這些貼文傳播出去。感謝許多讀者：你們做了自己的衝刺計畫、分享你們的經驗，並要求我們分享更多故事和資訊；你們的熱烈反應，鼓勵我們寫出這本書。

　　非常感謝為我們的寫書計畫提供初步意見的 Joe Kraus、Jodi Olson、M.G. Siegler、Gaurav Singal、Kevin Rose、Scott Berkun 和 Josh Porter。感謝 Tim Brown 分享見解並鼓勵我們，感謝 Charles Duhigg 慷慨付出時間。

非常非常感謝我們的經紀人 Christy Fletcher 和 Sylvie Greenberg。她們是這本書的歐比王・肯諾比（Obi-Wan Kenobi）：如果這本書可讀或有用，那是拜她們的專業指導和替讀者著想的能力所賜。

我們在 Simon & Schuster 的編輯 Ben Loehnen 可以在三個站的捷運車程中看完整本手稿，並找出隱藏在銅牆鐵壁之後的陳詞濫調。不過，他真正的超能力，是讓我們顯得比實際上更聰明。Ben，如果你有天決定不再做出版，轉行替人編排日常對話，我會很想找你幫忙。

Simon & Schuster 的 Jon Karp 很早就熱心支持我們，而且堅定不移。出版一本書是相當複雜的事，本書能面世，有賴許多人的幫忙，包括 Richard Rohrer、Cary Goldstein、Leah Johanson、Jackie Seow、Stephen Bedford、Ruth Lee-Mui、Brit Hvide， 以 及 Simon & Schuster 許多其他員工。Jessica Hische 替本書設計了非常活潑的封面，非常感謝她。

好朋友會指出你的牙縫間有菜屑，本書的試讀者提供了坦率的批評，幫助我們精益求精。感謝 Julie Clow、Paul Arcoleo、Mark Benzel、Jake Latcham、Aaron Bright、Kevin Sepehri、Andrea Wong、Jose Pastor、

Justin Cook、Jenny Gove、Kai Haley、Nir Eyal、Steph Habif、Jason Ralls、Michael Leggett、Melissa Powel、Xander Pollock、Per Danielsson、Daniel Andefors 和 Anna Andefors。

有些致謝難以歸類。Alex Ingram 看了「星期一」各章的手稿很多很多遍（起初真的很亂），並幫助我們從新創公司的角度解釋衝刺計畫。Sunkwan Kim 和 Elliot Jay Stocks 提供了印刷設計方面的意見。Becky Warren 建議我們納入瑪麗‧薩普的故事。Chip Heath 和 Dan Heath 的《創意黏力學》（Made to Stick），是我們撰寫本書的主要靈感來源。（繼續黏下去啊，Heath 兄弟！）

在撰寫本書的過程中，GV 整個團隊格外體諒和支持我們。尤其感謝 Mandy Kakavas、Ken Norton、Phoebe Peronto、Rick Klau、Kaili Emmrich 和 Tom Hulme 及時回饋意見和建議。特別感謝 Laura Melahn 極度坦率的意見和熱情的鼓勵。同樣特別感謝 Jenn Kercher 處理一千零一個法律問題，並捉到一些深藏不露的誤植。David Krane 的構想、忠告和熱情，值得一個鑽石級的感謝。Bill Maris 的鼓勵和支持讓這本書得以面世，值得一個超特別、極豪華的感謝。

如果沒有 Kristen Brillantes 的幫忙，這本書很可能到 2027 年都完成不了。她替我們安排時間、忍受我們的混亂，甚至在七小時的車程上聽機器讀出手稿。Kristen，妳真夠朋友。

從第一稿到書封的最後細節，Michael Margolis 和 Daniel Burka 一直幫助我們，一次又一次閱讀書稿，提供具體的建議和有益的論點，並說服我拿掉一些完全不好笑的笑話。Michael、Daniel、Braden 和 John，很榮幸能與你們共事。

約翰‧澤拉斯基 John Zeratsky

感謝我的妻子暨摯友 Michelle。因為妳的愛和鼓勵，我成了一個更好的人。能和妳一起生活，我是如此幸運。

感謝我的父母：你們支持我在小時候發展廣泛的興趣（包括設計帆船遊艇和製作音樂）。你們幫助我培養出學習的熱情，我深深感激。

我在威斯康辛州農村的祖父，在 1970 年代出人意表地迷上電腦，他對數位科技的熱情激起我的興趣。他不僅是個慈愛的祖父，還是我的朋友、導師，以及耐心的技術支援者。

感謝 The Badger Herald 的所有朋友和同事。你們完整地介紹我認識設計和新聞工作。拜你們所賜，我得以設計一份報紙、管理印刷作業、撰寫一個有關爵士樂的專欄，甚至領導我們的董事會。

感謝 Suzy Pingree 和 Nick Olejniczak。在威斯康辛大學麥迪遜校區，Suzy 和 Nick 令我有賓至如歸的感覺——在一個有四千名學生的校園，這一點也不容易。Nick 介紹我認識部落格，並教我網路發展方面的知識。Suzy 讓我參加她主持的幾個研究生研討會。我當自由接案的設計師時，首批客戶是他們介紹的，而且他們還非常實在地幫了很多忙。

2005 年，FeedBurner 團隊給了我一個難以置信的大躍進機會。感謝 Matt Shobe、Dick Costolo、Eric Lunt 和 Steve Olechowski 提供這個機會。我至今仍難以相信你們讓我做那麼多事。

2011 年，另一群夥伴給了我一個我不確定自己是否應得的機會。感謝 Braden 邀請我加入 GV。感謝 Bill Maris、David Krane、Joe Kraus 和其他 GV 同事開創新河，把設計工作納入創投運作中。加入 GV 使我深感榮幸。

我有幸參與 GV 投資的數十家公司的工作。這些公司的

團隊富研究精神且才華出眾，給了我職業生涯中意義最重大的學習經驗。特別感謝 Pocket、Foundation Medicine、藍瓶咖啡、Savioke 和 Cluster。

感謝 Kristen、Daniel、Jake、Michael 和 Braden（沒錯，又是你，Braden）：和你們共事真是一大樂事。特別感謝你們在我忘記自己曾是作家近十年之後，鼓勵我重新執筆寫作。

最後要感謝我們的經紀人 Christy Fletcher 和 Sylvie Greenberg，以及我們的編輯 Ben Loehnen。你們有力且優雅地帶領我們從構想走到實踐階段，並且帶我們進入我們以前僅在電影和電視中見過的文藝世界。

布雷登‧柯維茲 Braden Kowitz

感謝我的父母。他們向我展現創造的喜悅，教我修理幾乎所有的東西，並容許我漫遊荒野。他們送我一台 TI-99/4A 電腦，以及用來儲存我第一個程式的卡式記錄器，而當時沒有人認為這是個好主意。我從他們身上繼承了探索的喜悅，對此深深感激。

感謝卡內基美隆大學的所有導師和同學：你們幫助我認

識設計，並了解如何利用設計讓世界變得更美好。你們給我機會實習，讓我有信心試誤。

我職業生涯的大部分時間在 Google 度過，真是非常幸運。我在 Google 曾與無數傑出的人共事，他們教我如何設計人們愛用的產品。特別感謝 Chad Thornton、Michael Leggett 和 Darren Delaye：你們協助我專心工作，並總是提供尖銳、坦率、有用的批評。

感謝 Joe Kraus 示範如何協助團隊合力做出神奇的事。多年來你的指導和支持對我有極大的意義。

我們很容易迷失在瑣事裡，忘了生命中真正重要的事。感謝 Om Malik 鼓勵我追求理想。

過去一年裡，我的好友陪我健行、喝酒和在後院聚餐時，一再聽我談論這本書。Pat、Amanda、Chad、Heather、Kenneth、Brett 和 Donal：你們真夠朋友，我好愛你們。

我當然也非常感謝 GV 整個團隊。Jake、John、Michael、Daniel 和 Kristen：我無法想像能有一個更好的團隊去處理我們面對的難題，也無法想像能找到更好的夥伴繼續去冒險。

IMAGE CREDITS

Christophe Wu took the photos on pages 109, 158, 160 and 161.
Graham Hancock took the Time Timer photo on page 74.
Adrian Canoso designed the Relay robot on page 32.
Heidi Qiao volunteered to sit for the customer test photos on pages 272 to 273.
All other photos are by either Jake Knapp, Braden Kowitz, or John Zeratsky.
Image postproduction by Braden Kowitz.
Illustrations by Jake Knapp.

next 319

Google衝刺工作法（暢銷新裝版）：Google打造成功產品的祕密，
5天5步驟迅速解決難題、測試新點子、完成更多工作！
（初版書名：Google創投認證！SPRINT衝刺計畫）

作　　者—傑克‧納普 Jake Knapp、約翰‧澤拉斯基 John Zeratsky、
　　　　　布雷登‧柯維茲 Braden Kowitz
譯　　者—許瑞宋
副總編輯—陳家仁
企　　劃—洪晟庭
封面設計—日央設計

總 編 輯－胡金倫
董 事 長－趙政岷
出 版 者－時報文化出版企業股份有限公司
　　　　　108019 台北市和平西路三段 240 號 4 樓
　　　　　發行專線—（02）2306-6842
　　　　　讀者服務專線— 0800-231-705（02）2304-7103
　　　　　讀者服務傳真—（02）2302-7844
　　　　　郵撥— 19344724 時報文化出版公司
　　　　　信箱— 10899 臺北華江橋郵政第 99 信箱
時報悅讀網—http://www.readingtimes.com.tw
法律顧問—理律法律事務所 陳長文律師、李念祖律師
印　　刷—勁達印刷有限公司
初版一刷— 2016 年 7 月 29 日
二版一刷— 2024 年 4 月 12 日
定　　價—新台幣 450 元
（缺頁或破損的書，請寄回更換）

時報文化出版公司成立於一九七五年，
並於一九九九年股票上櫃公開發行，於二〇〇八年脫離中時集團非屬旺中，
以「尊重智慧與創意的文化事業」為信念。

Google 衝刺工作法：Google 打造成功產品的祕密，5 天 5 步驟迅速解決難題、測試
新點子、完成更多工作 !/ 傑克 . 納普 (Jake Knapp)，約翰 . 澤拉斯基 (John
Zeratsky)，布雷登 . 柯維茲 (Braden Kowitz) 著 ; 許瑞宋譯 .-- 二版 .-- 臺北市 : 時
報文化出版企業股份有限公司，2024.04
352 面 ;14.8x21 公分 .-- (next ; 319)
譯自 : Sprint : how to solve big problems and test new ideas in just 5 days.
ISBN 978-626-374-987-0(平裝)

1.CST: 企業管理 2.CST: 創造性思考

494.1　　　　　　　　　　　　　　　　　　　　113002076

ISBN 978-626-374-987-0
Printed in Taiwan